"十四五"时期国家重点出版物出版专项规划项目
智慧建筑与建成环境系列图书
黑龙江省精品图书出版工程

医院建筑疗愈环境设计

武 悦 周天夫 高 冲 著

哈尔滨工业大学出版社
HARBIN INSTITUTE OF TECHNOLOGY PRESS

内 容 简 介

本书紧扣医院建筑的新时代发展要求，以医院建筑环境的实证探究为依据，围绕医院环境满意度、舒适度、疗愈性等核心议题探讨了医院环境设计影响因素及评价标准，通过对医院建筑环境疗愈性设计的论述，提出了建筑学的应对与优化策略。

本书可为医院建设决策者、医院建筑设计者及医院建筑研究人员提供科学可靠的理论依据与设计指导，从而在设计层面提升医院环境的疗愈水平，促进我国医院建筑的建设与发展。

图书在版编目(CIP)数据

医院建筑疗愈环境设计/武悦,周天夫,高冲著. —哈尔滨:哈尔滨工业大学出版社,2025.3

(智慧建筑与建成环境系列图书)

ISBN 978-7-5767-1169-1

Ⅰ.①医… Ⅱ.①武… ②周… ③高… Ⅲ.①医院-建筑设计 Ⅳ.①TU246.1

中国国家版本馆 CIP 数据核字(2024)第 028581 号

策划编辑	王桂芝　张　荣
责任编辑	赵凤娟　谢晓彤　陈　洁
出版发行	哈尔滨工业大学出版社
社　　址	哈尔滨市南岗区复华四道街 10 号　邮编 150006
传　　真	0451-86414749
网　　址	http://hitpress.hit.edu.cn
印　　刷	哈尔滨久利印刷有限公司
开　　本	780 mm×1 092 mm　1/16　印张 15.75　字数 350 千字
版　　次	2025 年 3 月第 1 版　2025 年 3 月第 1 次印刷
书　　号	ISBN 978-7-5767-1169-1
定　　价	68.00 元

(如因印装质量问题影响阅读,我社负责调换)

前　言

随着整体医学的发展和健康观念的转变，以患者为中心的人性化医护模式愈发得到重视，医疗环境的疗愈性设计也成为新时代医院建筑的发展要求。如今我国医院就诊人数逐年增加，医院的建设也进入了一个新的高速发展时期，然而患者对于医疗环境的满意度却处于较低水平，医院的空间环境质量仍然有待提高。因此，医院建筑环境品质与疗愈作用的提升具有极大的迫切性与重要性。

本书以医院建筑环境的实证探究为依据，围绕医院环境满意度、舒适度、疗愈性等核心议题探讨了医院环境设计影响因素及评价标准，并提出了建筑学的应对与优化策略。

全书共 7 章，第 1 章为本书的绪论部分，从医院建筑发展背景、医疗资源分配现状、医院建筑环境现状 3 部分进行梳理。第 2 章对医院建筑环境综合评价进行阐述，从医院卫生服务能力、医院应急能力、医院气候适应性角度探讨医疗资源合理性配置，并提出医院建筑环境综合评价指标体系和医院建筑环境综合评价模型。第 3 章对医院建筑环境疗愈的相关问题进行阐述，首先对影响医院环境疗愈性的因子进行提取，包括物理环境、空间环境、景观环境 3 个方面共 30 个影响因子，其次通过主成分分析，构建了医院环境情绪疗愈性评价体系并确定了各影响因子的权重。第 4 章聚焦医院物理环境疗愈性设计，从声环境、光环境、热环境、空气质量4 个方面，对医院建筑物理环境的评价标准、物理环境与舒适度的关联性进行解读，从而提出医院建筑物理环境优化设计策略。第 5 章重点论述医院空间环境疗愈性设计，从物理感官和空间构成方面分析了单一室内环境因子对患者应激恢复性的影响机制，总结出各要素对患者应激恢复的影响。第 6 章聚焦疗愈环境的景观要素，从功能性和整体性两个方面进行医院景观环境疗愈性设计探讨。第 7 章对医院建筑环境因子的独立疗愈作用和交互性疗愈作用进行阐述，进而针对路径、导引、空间、环境等方面提出医院建筑疗愈性环境设计策略。

感谢以下人员为本书提供宝贵的贡献：朱蕾、郝飞、贺俊、陈桐、李楠、郑嘉、党锐、姜彧、王苗苗、杜雪岩、梁艺馨。

本书紧扣医院建筑的新时代发展要求，通过对医院建筑环境疗愈性设计的论述，为医院建设决策者、医院建筑设计者及医院建筑研究人员提供科学可靠的理论依据与设计指导，从而在设计层面提升医院环境的疗愈性水平，促进我国医院建筑的建设与发展。本书的出版将填补我国医疗建筑环境设计领域的相关类型出版物的空白。诚然，医院建筑疗愈环境设计还面临很多问题，本书抛砖引玉，希望我们的研究成果可以为我国医院未来的建设提供支持，为患者享有更好的疗愈环境提供设计依据，为我国医院建筑设计者提供理论补充。多学科联合共同促进未来医院建筑的良性发展，为老百姓提供舒适、满意的就医环境是本团队一直关注并践行的宗旨，愿与读者共勉。

作　者

2025 年 1 月

目 录

第1章　绪论 ··· 001
 1.1　我国医院建筑发展背景 ··· 001
  1.1.1　社会背景 ·· 001
  1.1.2　医学背景 ·· 001
 1.2　我国医疗资源配置现状 ·· 002
  1.2.1　医疗资源配置背景 ·· 002
  1.2.2　医疗资源配置影响因素 ·· 003
  1.2.3　医疗资源配置应用 ·· 004
 1.3　我国医院建筑环境现状 ·· 007
  1.3.1　医院空间环境现状 ·· 007
  1.3.2　医院物理环境现状 ·· 011
  1.3.3　医院建筑景观环境发展状况 ···································· 019

第2章　医院建筑环境综合评价 ··· 025
 2.1　医院建筑评价内涵 ·· 025
  2.1.1　医院建筑的医疗服务能力 ······································ 025
  2.1.2　医院建筑的应急能力 ·· 026
  2.1.3　医院建筑的气候适应性 ·· 026
  2.1.4　评价内涵及因子的联系 ·· 027
 2.2　医院建筑环境综合评价指标体系 ······································ 028
  2.2.1　构建原则与思路 ·· 028
  2.2.2　评价指标体系构建 ·· 029
  2.2.3　指标权重的确定 ·· 044
 2.3　医院建筑环境综合评价模型 ·· 051

- 2.3.1 评价标准的确定 ……………………………………………… 051
- 2.3.2 评价模型的建立 ……………………………………………… 064
- 2.3.3 评价模型的应用 ……………………………………………… 065
- 2.4 本章小结 …………………………………………………………… 069

第3章 医院环境疗愈因子体系构建 ……………………………………… 071
- 3.1 医院物理环境因子的提取 ………………………………………… 071
  - 3.1.1 环境照度 ……………………………………………………… 071
  - 3.1.2 环境色温 ……………………………………………………… 074
  - 3.1.3 声源类型 ……………………………………………………… 076
  - 3.1.4 声压级 ………………………………………………………… 079
- 3.2 医院空间环境因子的提取 ………………………………………… 082
  - 3.2.1 空间构成 ……………………………………………………… 082
  - 3.2.2 空间布局 ……………………………………………………… 084
- 3.3 医院景观环境因子的提取 ………………………………………… 086
  - 3.3.1 界面色彩 ……………………………………………………… 086
  - 3.3.2 界面装饰 ……………………………………………………… 088
- 3.4 医院环境疗愈因子体系构建 ……………………………………… 091
  - 3.4.1 医院环境的疗愈需求 ………………………………………… 091
  - 3.4.2 疗愈因子的体系构建 ………………………………………… 093
  - 3.4.3 医院环境的优化措施 ………………………………………… 097
- 3.5 本章小结 …………………………………………………………… 101

第4章 医院物理环境疗愈性设计 ………………………………………… 103
- 4.1 声环境疗愈性 ……………………………………………………… 103
  - 4.1.1 声环境评价标准 ……………………………………………… 103
  - 4.1.2 声环境疗愈影响 ……………………………………………… 106
  - 4.1.3 医院建筑声环境疗愈性设计 ………………………………… 112
- 4.2 光环境疗愈性 ……………………………………………………… 113
  - 4.2.1 光环境评价标准 ……………………………………………… 114
  - 4.2.2 光环境疗愈影响 ……………………………………………… 115
  - 4.2.3 医院建筑光环境疗愈性设计 ………………………………… 116
- 4.3 热环境疗愈性 ……………………………………………………… 120
  - 4.3.1 热环境评价标准 ……………………………………………… 120
  - 4.3.2 热环境疗愈影响 ……………………………………………… 124
  - 4.3.3 医院建筑热环境疗愈性设计 ………………………………… 128

4.4 空气质量疗愈性 ·· 129
4.4.1 空气质量评价标准 ·· 130
4.4.2 空气质量疗愈影响 ·· 133
4.4.3 医院环境空气质量疗愈性设计 ·· 137
4.5 本章小结 ·· 138

第 5 章 医院空间环境疗愈性设计 ·· 139
5.1 空间协调化设计 ··· 139
5.1.1 空间选址 ·· 139
5.1.2 空间容量设计 ·· 140
5.2 空间平衡性设计 ··· 145
5.2.1 包容性空间设计 ·· 145
5.2.2 均衡适度的物理环境设计 ··· 145
5.3 空间人本化设计 ··· 150
5.3.1 空间休闲化设计 ·· 150
5.3.2 空间人性化设计 ·· 151
5.3.3 空间情景化设计 ·· 153
5.4 本章小结 ·· 157

第 6 章 医院景观环境疗愈性设计 ·· 158
6.1 景观要素的优化对策 ··· 158
6.2 基于功能性的医院景观 ·· 159
6.2.1 多元化的空间环境营造 ·· 159
6.2.2 生机化的道路交通组织 ·· 168
6.2.3 人性化的设施标识设置 ·· 171
6.3 基于整体性的医院景观美设计 ·· 172
6.3.1 全方位的绿化景观设计 ·· 173
6.3.2 全季性的户外景观营造 ·· 176
6.3.3 可持续的地域景观表达 ·· 179
6.4 本章小结 ·· 181

第 7 章 疗愈性环境设计策略 ·· 182
7.1 路径因子影响下的设计策略 ·· 182
7.1.1 降低距离感 ··· 182
7.1.2 提升秩序性 ··· 186
7.1.3 增强耦合性 ··· 187
7.2 导引因子影响下的设计策略 ·· 194

  7.2.1 导引系统的优化设计 …………………………………… 194
  7.2.2 空间环境的指向设计 …………………………………… 199
  7.2.3 导引与空间的融合设计 ………………………………… 203
 7.3 空间因子影响下的设计策略 ………………………………… 204
  7.3.1 装饰设施的科学布置 …………………………………… 204
  7.3.2 空间环境的质量提升 …………………………………… 207
  7.3.3 医院空间的特征设计 …………………………………… 211
 7.4 环境因子影响下的设计策略 ………………………………… 215
  7.4.1 声环境优化策略 ………………………………………… 215
  7.4.2 光环境优化策略 ………………………………………… 217
  7.4.3 热环境优化策略 ………………………………………… 224
 7.5 本章小结 ……………………………………………………… 230

参考文献 ……………………………………………………………… 231
名词索引 ……………………………………………………………… 242

第 1 章 绪 论

1.1 我国医院建筑发展背景

1.1.1 社会背景

在城市公共服务设施中,医疗卫生设施始终占据重要地位,医院建筑关乎民众的切身利益,同时也会影响到区域的综合发展和日常生活。

医院建筑作为一个与人民生活息息相关的建筑类型,扮演着重要的社会角色。它的发展趋势反映着整个社会的发展状况,同时也在很大程度上影响着社会生活。医院建筑是随着城市的发展和居民生活需求的发展而发展的。城市在不断进行着更新,居民也在经济和生活水平的发展中不断对公共服务设施提出更高的要求。医院建筑既要适应城市在布局、结构和交通等方面的发展状况,同时还要满足居民日益提高的医疗卫生条件的需求。社会对于医院建筑的需求体现在城市和人的不同层面,医院建筑要通过不断地提高设计质量来满足社会需求。无论是村镇还是城市居民,对医院建筑都有很高的需求,而医院建筑从专科门诊到大型综合医院,从乡村诊所到城市三甲级医院,都在满足着人们对医院的职能要求。随着城镇一体化进程的不断推进,医院建筑必然向着规范化、科学化和体系化的方向发展。

1.1.2 医学背景

随着医疗模式的转变和新的公共卫生观念的产生,我国医院建筑建设蓬勃发展,截至 2022 年底,全国共有医疗卫生机构 103.3 万个。人们对健康的理解不再局限于生理健康,而开始关注人的心理环境和社会环境是否也同样健康。医院建筑设计从以治病救人为导向转向以促进健康为导向,从为单体健康服务转向为群体健康服务,从分散割裂的服务转向系统整合的一体化服务,从孤立分散的社区卫生资源转向积极融入城市宏观医疗网络和城市应灾体系。

同时,随着医疗理念的逐步转变,当下医疗建筑的创作形成了"以人为本"的新内核。提升医院建筑水准需要从医院建筑疗愈环境设计出发,找到医疗资源、建筑空间、物理环境和使用者需求的契合点,提升医疗建筑与就医患者的匹配程度,合理配置医疗资源。

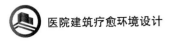

1.2 我国医疗资源配置现状

1.2.1 医疗资源配置背景

1. 人民生活对医疗资源的迫切需求

基本公共服务是覆盖全体公民、满足公民对公共资源最低需求的公共服务,而基本公共服务的重要组成部分之一就是关系着人民群众的生命健康的医疗卫生服务。在当今社会,"看病难、看病贵"的现象作为医疗问题的一个突出特点,是人民群众反映比较强烈的问题之一,也是困扰社会和谐发展的重大问题之一。2022年,国务院办公厅印发了《深化医药卫生体制改革2022年重点工作任务》,强调要加快构建有序的就医和诊疗新格局,持续推进解决这一问题。我国当今的人口有14亿之多,占世界总人口数的18%,但是我国医疗卫生总费用的投入却仅占世界医疗卫生总费用的2%。与此同时,我国是一个农业大国,农村人口占我国人口的绝大多数,但我国却有80%的医疗资源集中在城市,尤其是大城市。

目前,解决这一问题最科学、最有效的办法是在政府统一调控下,最大限度地利用现有的医疗资源,进行有重点、有目标的医疗资源布局调整,自上而下建立起层次分明的医疗卫生网络结构。

2. 社会转型中医疗资源的配置矛盾

随着我国社会经济的不断发展和转型,人民的生活方式也相应发生了变化,慢性病已成为危害我国人民群众身体健康的一个重大公共卫生问题。据国家统计局公布的数据,截至2019年末中国大陆人口规模已超过14亿,而随着医疗卫生服务体系和医疗保障制度的逐步完善,就医的便利性和保障水平不断提高,人民对医疗卫生服务的需求也将越来越多,所以医疗资源供给和需求之间的矛盾将持续存在。

《全国医疗卫生服务体系规划纲要(2015—2020年)》中提到,"我国医疗卫生资源总量不足、质量不高、结构与布局不合理、服务体系碎片化、部分公立医院单体规模不合理扩张等问题依然突出"。而随着人口的老龄化、新型疾病的频发和城市的不断扩张,现有医疗机构的规划建设更加无法均衡地满足居民日常使用需求,即使是同一座城市,由于社会经济、文化的发展,医疗资源的分布也具有很大的不均衡性,甚至存在医疗资源的空白区。例如,城市医疗卫生机构布局规划的实施,推动建设了一大批社区卫生服务中心,而在"城市-社区"的二级医疗机构体系中,双向转诊、合理分流患者的设想却没有实现,反而产生了"看病在医院,配药到社区"的现象。

3. 国家发展对医疗资源的强力支撑

党的二十大于 2022 年 10 月 16 日在北京召开,使健康中国战略迈上新高度。把保障人民健康放在优先发展的战略位置,完善人民健康促进政策。深化医药卫生体制改革,促进医保、医疗、医药协同发展和治理。促进优质医疗资源扩容和区域均衡布局,坚持预防为主,加强重大慢性病健康管理,提高基层防病治病和健康管理能力。深化以公益性为导向的公立医院改革,规范民营医院发展。创新医防协同、医防融合机制,健全公共卫生体系,提高重大疫情早发现能力,加强重大疫情防控救治体系和应急能力建设,有效遏制重大传染性疾病传播。

2022 年我国卫生健康事业发展统计公报数据如下:截至 2022 年年末,全国共有医疗卫生机构 103.3 万个,其中医院 3.7 万个,在医院中有公立医院 1.2 万个,民营医院 2.5 万个;基层医疗卫生机构 98.0 万个,其中乡镇卫生院 3.4 万个,社区卫生服务中心(站)3.6 万个,村卫生室 58.8 万个;专业公共卫生机构 1.2 万个,其中疾病预防控制中心 3 386 个,卫生监督所(中心)2 944 个。卫生技术人员 1 441.1 万人,其中执业医师和执业助理医师 443.5 万人,注册护士 522.4 万人。医疗卫生机构床位 975 万张,其中医院 766 万张,基层医疗卫生机构 174.4 万张。全年总诊疗人次 84.2 亿人次,出院人数 2.5 亿人。

1.2.2 医疗资源配置影响因素

1. 医疗资源配置的含义

医疗资源配置有两层含义:一是医疗资源的分配,称为初配置,其特点是资源的增量分配;二是医疗资源的流动,称为再配置,其特点是资源的存量调整。医疗资源配置遵循需要、公平和效益 3 个基本原则,在医疗空间资源配置研究中转化为承载力、公平性和倾向性 3 方面。在满足承载力和公平性的前提下,重视地区气候环境差异及常见病、多发病病因差异等带来的地域倾向性。在医疗服务供需平衡的基础上,对有限的医疗资源进行充分、有效利用,获得最大的医疗服务效益。

医疗资源配置从城市规划学科角度出发,通过对空间领域的认知和理解、使用需求和功能、使用环境的适宜性以及人群的接受程度等方面,探索医疗资源的优化配置。医疗空间资源配置的研究是将资源配置与人群环境直接贴近的一种手段,是通过对区域医疗机构资源分布情况和利用现状的综合分析,提出优化布局方案,使区域医疗机构资源分布的公平性和空间可达性达到最优。只有所有的医疗资源都能满足最基础的人群供需平衡,医疗资源配置才能获得最大的社会效益和经济效益,才能称得上是合理配置或最优配置。

2. 医疗资源配置评价

医疗资源配置评价的对象是指社会投入医疗卫生服务中的人、财、物,包括医疗设备设施、病床资源、政府或医疗机构投入的卫生经费、以卫生技术为代表的人力资源等,调配医疗资源应注意资源配置结构的合理性和资源功能的协调性,不仅是生产要素(人力、床位、设备等)的增加,还要在现有资源的基础上,根据居民对医疗卫生服务的实际需求进行合理分配,提高医疗资源利用效率。医疗资源配置评价的目的是了解医疗空间资源配置现状,找出缺医区,分析医疗资源配置是否合理,提出合理可行的对策及措施,做好评价预警。

3. 医疗资源配置影响因素的扩充

传统的医疗资源配置的影响因素主要包括医源性因素、医疗技术、药源性因素、院内因素、设备器材因素及组织管理因素。随着空间数据分析技术的逐渐成熟和其在医疗领域的应用拓展,空间结构和间子相关性分析能够让我们开始量化医疗资源的空间可达性和其对医疗资源的影响,同时能够结合空间数据分析的网络分析对医疗资源进行更加精确的评价。因此,在医疗空间资源配置的传统影响因素基础上,应进一步考虑医疗资源的地理空间性特征,添加医疗资源的时空领域分布特点和空间可达性两个重要影响因素,使指标体系更加完善。

1.2.3 医疗资源配置应用

1. 地理信息系统(GIS)在公共医疗卫生领域的应用

近10多年来,随着计算机软、硬件和互联网技术的不断发展,基于GIS技术的地理信息数据库的深入发展,空间地理信息的总结、分析和可视化取得了突破性的进展,在公共卫生领域也有了一定的应用,为公共卫生信息的获取创造了十分便利的条件,主要包括以下几个方面。

(1)在医疗卫生管理中的应用。

监测和评估是卫生管理中必不可少的环节,而GIS可以作为卫生行政部门的监测和评估工具,来显示医疗卫生服务机构、疾病、人口等因素的空间分布。通过分析评估,选择医疗卫生服务机构设立的地点,确定医疗卫生机构及其提供的医疗卫生服务,使医疗卫生资源得到最大程度的利用,有效满足人们的健康和医疗服务需求。

(2)在流行病学中的应用。

通过地理信息数据库的空间分析、数据管理和可视化等功能,可以直观形象地展示疾病的传播和分布情况,直接有效地对公共卫生设施、社会环境状况、流动人口以及气候、水质等外部环境影响因素进行管理和分析,找出其中的相关性,为研究人员提供强大的技术支持。

(3)在环境卫生学中的应用。

GIS可以通过强大的空间管理、空间分析和可视化制图等功能,对环境危险因素的变化与疾病传播、病毒变异等之间的关系进行研究,有效地提出卫生安全的解决方案,为居民生活安全提供保障。

(4)在健康教育中的应用。

在信息的交流和沟通中,图形和图像是良好的传播媒介。通过 GIS 制作的各种专题图,可以将各种因素之间的联系生动地展示出来,用于健康教育题材中。公众参与地理信息系统(PPGIS)是公众开放空间基础信息地理数据库,它将一些道路、桥梁、水源、绿地及用地性质等公共资源的信息对公众发布,人们可以通过 PPGIS 对所处的及想了解的空间环境进行充分的认识,有助于公众对社会的规划建设发展提出意见和建议。

GIS 在公共医疗卫生领域的应用和设计,不仅扩大了设计的研究范围和涉及的因素,更重要的是还可以准确对设计进行有效的指导,提高公共医疗卫生资源的利用率,方便人们了解如何选择、利用医疗服务和享有平等的医疗资源。

2. GIS 在医疗机构可达性评价中的应用

根据医疗机构规划建设的特点、可达性定义和计算逻辑以及可达性评价的方式,可以将基于 GIS 的医疗机构可达性评价流程分为以下 4 个步骤。

(1)可达性概念的确定。

可达性概念的确定主要涉及理解可达性评价的空间尺度和明确可达性评价的目的,对可达性的定义进行不同评价背景下的分析和阐述。

(2)可达性评价指标和度量模型的选择。

不同的学科领域和应用场景对可达性的定义有着不同的理解,所以要根据可达性的应用场景,选择适合的可达性评价指标和度量模型,以便对可达性计算所需的基础数据进行准备和搜集。

(3)可达性评价基础数据准备和空间插值计算。

通过对可达性评价指标和度量模型的选择,对交通系统数据、空间单元数据、起讫点数据、吸引力数据等进行准备和搜集,然后计算可达性的值,对其结果进行归一化或者标准化处理,并用空间插值的计算方式将其进行可视化呈现。

(4)可达性评价和优化策略。

对可达性计算值进行可视化处理,并对其进行具体评价和分析,找寻可达性对现状的影响,并从中提取出可为规划和决策服务提供帮助的信息,提出可达性的优化策略。

3. 空间数据分析技术在医疗空间资源配置中的应用

空间分析理论起源于 20 世纪 60 年代地理学中的计量革命,用定量的过程与技术分析地图上或由地理坐标定义的二维或三维空间上的点、线、面的结构模式。而后空间分析注重于分析地理空间的固有特征、空间选择过程及其对复杂空间系统时空演化的影响等方面。经过多年的发展,空间数据分析技术在方法上已超出传统统计学的范畴。需要指出,其与 GIS 所提供的空间几何分析的差别在于,空间数据分析技术在以图形操作为主的基础上(如叠置分析、缓冲区分析、网络分析等),还包含空间结构分析、空间自相关分析、空间内插技术等,以及各种空间模拟模型的数学思维。

空间数据分析技术分析具有空间属性的事物之间的相互关系,对空间信息进行认知、解释、预测及调控,是用于分析具有空间属性事物的一系列技术,其分析的结果依赖于事件的分布,面向公众和私人用户,其主要目的在于:①认知空间信息,即有效获取和科学描述空间数据;②解释空间信息,即对空间过程进行理解和合理解释;③预测空间信息;④科学调控空间中发生的事件;等等。

越来越多的空间数据生成,产生了 GIS 领域数据丰富而理论薄弱的局面,使得在分析上需要一种让数据说明其本身(let the data speak for themselves)的分析技术,即探索空间数据分析(exploratory spatial data analysis,ESDA)。ESDA 是指将统计学原理和图形、图表相结合对空间信息的性质进行分析、鉴别,用以引导确定性模型的结构和解法。ESDA 本质上是一种"数据驱动"的分析方法。在 ESDA 中,没有太多的先验知识、理论与假设。它注重于研究数据的空间依赖与空间异质性,即描述空间分布,揭示空间联系的结构,给出空间异质的不同形式,发现其易观测值。

(1)时空分布领域的应用。

在将空间数据分析技术运用到卫生资源领域时空分布规律研究的案例中,Christina Frank 等人对莱姆病(Lyme disease)进行了空间分析,得出了美国 Maryland 地区 1993—1998 年、按照邮政区编码分布的该种疾病的时空分布趋势;F. Cipriani 等人对意大利 1980—1990 年与饮酒有关的死亡人口进行了对照分析,结果表明,饮酒引起的死亡率在各个地区之间存在明显的差异,从而证明了各地区人群免疫性的差别;B. Solca 等人对不同区域之间、城市和乡村之间的人口碘摄取量的差异进行了分析,确定碘缺乏疾病的风险人群,结果发现乡村和城市之间差异较小,而区域间的差异较大,从而根据区域划定出碘缺乏疾病易发生人群的地域分布;武克恭等对内蒙古地区的砷中毒病区的病人分布差异做了比较与分析,得出该地区风险人群的范围;Geoffrey T. F. 等人对加利福尼亚地区普鲁氏菌病的时空聚类分布进行了分析,通过对 1973—1992 年长达 20 年的数据进行空间分析,一方面确定了疾病的空间分布,另一方面得出了疾病与人群的关联性,即西班牙后裔牛奶消费的生活习惯与该种疾病发生风险的关系。

(2)空间可达性方面的应用。

空间可达性是指从既定区域到达一个目标区域的便捷程度,广泛应用于城市规划、交通学、地理学等研究领域中。空间可达性具有空间特征、时间意义,也能够体现经济和社会价值。影响空间可达性的因素包括医疗机构的空间分布、交通需求、交通供给、出行时间等。基于空间数据分析的几何网络可达性度量方法使用空间距离(所耗距离成本)、时间距离(所耗时间成本)、经济距离(所耗经济成本)等作为基本因子来度量可达性。可达性度量方法在几何网络上主要包括距离法、等值线法、累积机会法、重力模型法、时空法、平衡系数法及效用法等多种方法。

在将空间数据分析技术运用到卫生资源领域空间可达性研究的案例中,Love、Lindquist应用GIS及其相关工具计算和显示了美国伊利诺斯州老年人相对于医疗设施空间可达性的状况,从中得出的结论是,该州老年人大多数离医疗服务网点较近,有80%的老年人在4.8 mi(1 mi≈1.6 km)内有1家医院可选择,在11.6 mi内有2家医院可选择。精确的就医空间可达性指标可以用GIS技术来量测实现,并且可以很清楚地描述各家医院之间的竞争关系。Anderson于1968年最先提出了相对于医疗设施的多维变量的可达性模型,它在表现医疗服务的利用状况方面起着重要作用。Wolinsky提供了详细的有关医疗服务利用的动态发展框架及较早的专科门诊服务中的应用情况。Gesler和Meade回顾了相关位置服务的固有属性,如距离、人口特征及相对于医疗常规资源的日常活动空间。Gartell等人利用空间数据处理,通过将病人按邮政编码分区后来研究乳腺癌的状况。他们对病人的社会阶层和相关人口普查的社会经济数据,以及距离家庭外科医生住宅的距离进行分析后,所得出的结论是,乳腺癌的发病率与体检次数及女医生的数量密切相关。Kwan及其同事记录了研究对象每天的具体活动内容和时间,并做出了三维模型,其中时间是第三维度。

总体来说,空间数据分析技术在卫生资源时空分布规律的认识上目前已经得到广泛的应用,但定量刻画医疗资源的空间分布规律还有待进一步深入研究和应用。在此方面,空间数据分析中关于时空分布规律探索的方法,如Moran I统计、G*Power统计等,可以很好地刻画出研究对象在空间中分布的聚集状态和相关程度。

1.3 我国医院建筑环境现状

1.3.1 医院空间环境现状

基于使用者需求的我国医院空间布局可大致分为单一折线型、回环型、L拐角型、中心发散型、并列型和直线一字型。

1. 单一折线型

单一折线型的医院在平面形态和整合度(可达性)方面比较突出(图1.1)。由于折线几何形态的存在对房间定位明确度有影响,因此内部科室空间分布较为分散。同时,各区域空间关联度较低,对导引系统要求较高。但折线型的设置有助于节省占地面积,缩短不同科室间的直线距离,从而精简体量。单一折线型属于优劣势都较为分明的一种类型。

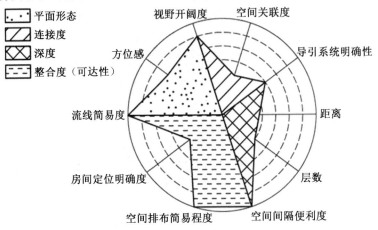

图1.1 单一折线型空间布局属性

2. 回环型

回环型的医院在连接度和整合度(可达性)方面比较突出(图1.2)。回环型的结构易使初次到来的使用者迷失方向,对方位感、视野开阔度和流线简易度往往都有影响,室内空间体验感也经常需要配合较完备的导引系统而得以保障。同时,回环型的大空间设置会在无形中增加建筑占地面积,增加不同科室间的直线距离,对精简体量不利。

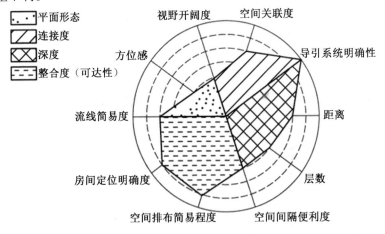

图1.2 回环型空间布局属性

3. L拐角型

L拐角型医院的空间布局各方面属性数值往往大起大落(图1.3)。相比于单一折线型,L拐角型的弯折更少、结构更简洁,因此在方位感、空间关联度、房间定位明确度方面都表现突出。同时,这类医院常见的平面布局应用灵活,对体量和距离的限制也不高,具有百搭优势。但如遇规划级别较高的情况时,则经常与多层数、大规模相配合,若不能平衡功能丰富性与较大空间深度的问题,则容易对使用体验造成一定影响。

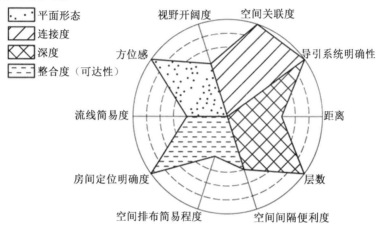

图1.3 L拐角型空间布局属性

4. 中心发散型

中心发散型的各方面属性差异较大,其医院空间在连接度和深度方面十分凸显(图1.4)。中心发散型的结构易造成使用者难辨方向,对方位感、流线简易度、房间定位明确度及空间排布简易程度都有影响,其室内空间体验感对导引系统明确性的要求也较高。同时,中心发散的部分比较集中,能容纳的功能科室有限,对其他功能空间的高效排布也造成压力;中心发散的点式结构单层面积有限,则会导致建筑层数增多,增加住院部与门诊部不同功能区域间的直线距离。

5. 并列型

并列型医院在空间布局各方面的属性都比较平均,但整体程度相对于其他类型普遍不突出(数值均值小),其中整合度(可达性)稍好(图1.5)。并列型更适用于规模体量较大、空间布局更复杂的医院,其平面弯折可能较多,因此在视野开阔度、空间关联度、流线简易度方面都比较一般。同时,并列型往往更多应用于普通综合医院中,科室间直线距离适中。该类型的结构反映至高校医院空间布局中则有利于解放层数,在空间复杂度和体量的平衡上比较有优势。

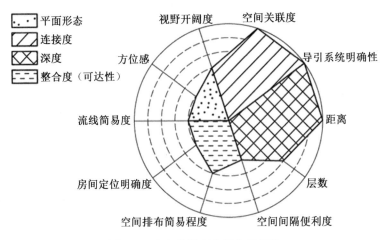

图 1.4 中心发散型空间布局属性

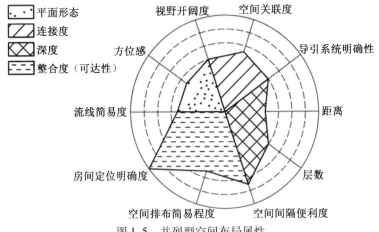

图 1.5 并列型空间布局属性

6. 直线一字型

直线一字型的医院在平面形态和整合度（可达性）方面十分突出，方位感尤其具有优势（图1.6）。由于直线一字型直接而简洁，对各科室进行的是机械性的连接，故其连接度有所欠缺，室内空间体验感一般。同时，空间深度情况适中，对占地面积的要求不高，可依据实际规划情况灵活增减层数以进行适应性拓展，不同科室间直线距离适中，可普遍适用于绝大多数医院的空间建设。

由上述分析可知，直线一字型、并列型的空间布局各项属性比较平均，其中并列型更适用于规模较大、空间较丰富的医院建设。而直线一字型简洁性最突出，其建筑空间模式适用于绝大多数医院，可与L拐角型配合考量进行应用，皆为现今我国医院在空间布局上的理想选择。其他类型则各有优劣，应有针对性地在空间层面寻找改进策略进行优化。

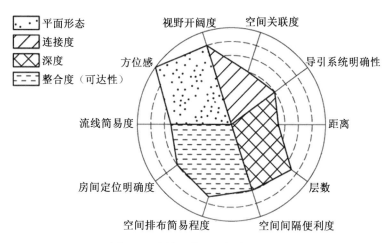

图 1.6　直线一字型空间布局属性

1.3.2　医院物理环境现状

1. 声环境

研究人员测量了噪声水平或研究了各种医疗环境的声场。谢和康发现，医院的声环境每晚都有显著差异；与此同时，更多的侵入性噪声往往来自多床病房，而更极端的声音可能出现在单一病房。结合现有研究可以得出，对比世界卫生组织病房内噪声水平的指导值[38 dB(A)]，我国病房内的噪声水平经常高出 15~20 dB(A)。噪声是一个重大的公共健康问题，而噪声烦恼是暴露在环境噪声中的人们最常见和最直接的反应。噪声已被确定为医院的主要压力源，会影响个人的身心健康。

室内声源类型(机械噪声、谈话噪声、音乐声)能够明显影响患者对所在环境的认知。总体而言，患者对于音乐声环境的评价更积极。在音乐声环境下，患者倾向于使用"有序"与"舒适"来描述环境感知与联想知觉，并且满意感与偏好感均优于机械噪声和谈话噪声的环境。另外，声源类型不仅能够影响患者的联想知觉与环境评价，还能够对一些视觉感知产生一定影响。例如，在机械噪声环境下，患者认为所在环境更加"封闭"；而在人为噪声环境下，患者倾向于使用"狭窄的"来形容所在空间的尺度感。

与对照组(背景噪声)相比，患者在机械噪声环境下心率恢复率、皮肤导电性恢复率、主观焦虑水平无显著差异，表明机械噪声对于患者应激恢复性造成的负面影响有限。而一般认为机械噪声更加不利于个体应激恢复，这可能是由于此次实验的参与者均为医院患者，对于医院室内环境中出现的机械噪声(如手推车声、仪器警报声等)有所预期，甚至对于此类声源已经产生一定的适应性，从而弱化了机械噪声的负面作用。

由患者交谈、行走、接听电话等行为产生的人为噪声更加不利于患者应激恢复。与对照组相比,在人为噪声环境下,患者的主观焦虑感(Sig=0.027)与负面情绪水平(Sig=0.039)显著更高。这可能是由于:与背景噪声相比,生活噪声中包含更多的瞬态噪声(transient noise)。Allaouchiche 通过记录监护病房 28 h 内的室内声环境质量,发现在大于 65 dB 的室内瞬态噪声中,人为噪声引起的瞬态噪声占 56%。瞬态噪声也不利于患者的应激恢复。另外,与规律性较强的机械噪声相比,生活噪声在知觉上难以预测与控制,使得生活噪声更能引发患者焦躁不安的负面情绪,进而转化为较严重的心理阻抗,不利于患者应激恢复。

在不同声压级的室内环境下,患者的舒适感与安全感存在较大差异。随着室内声压级升高,环境舒适感与安全感评分逐渐降低。在 70 dB 声压级环境下,患者对于舒适感的评价趋向于负面,更倾向于使用"不适"的语义来描述所在环境。另外,在 70 dB 声压级环境下,患者的满意度与偏好度也明显下降,而患者对于 40 ~ 50 dB 声压级环境的满意度与偏好度的差异较小。

与室内声源类型相比,声压级对于患者应激恢复性影响较小,即使室内环境的背景噪声(45 ~ 60 dB)超出世界卫生组织对于医院室内噪声的指导限值,背景噪声对于患者应激恢复性的负面影响也相当有限。这一结果印证了噪声是基于个人对声音的感受而产生的,控制环境声压级并不一定能够获得良好的患者应激恢复效果。声源类型、声压级及个体特征共同决定了患者应激恢复的水平。

室内声源类型对于患者的生理与心理应激恢复指标及环境疗愈性评分均有显著影响,其中,交谈声、步行声、接听电话等行为产生的人为噪声最不利于患者应激恢复,尤其会对患者的主观焦虑感及情绪效价产生显著负面影响。音乐背景声则能有效提高患者的应激恢复水平,对于皮肤导电性的增益作用显著优于对照组。患者在机械声环境下的应激恢复水平略低于对照组,且并未达到显著水平。但在机械声环境中,患者对于所在环境的疗愈性评分最低。与室内声源类型相比,声压级对于患者的应激恢复性影响有限,仅对患者的皮肤导电性恢复率及情绪唤醒水平产生一定影响。另外,与实验预期结果不同的是,即使在超过医院噪声限值的声压级环境下(50 dB),患者的应激恢复水平也没有显著下降,其主观焦虑感甚至低于低声压级噪声环境下(40 dB)。患者对于噪声的适应性、实验开展的时间及参与者构成可能降低了声压级的影响。

2. 光环境

人类向往光明,需要救治的病人对阳光更是充满渴望。自然采光引入病房楼设计是病房对自然光需求的物化。病房楼是一个功能复杂的综合体,该空间的使用者需要进行工作、治疗、修养、康复和生活等一系列行为,适用人群广泛。每个特质空间要满足不同使用者的光需求,并达到舒适、便捷的目的,是护理单元自然光环境优化设计所要解决的重点问题。只有明确各个空间对自然光的特殊需求,设计者才能有的放矢,设计出最佳方案,达到事半功倍的效果,为使用者提供舒适的自然光环境。

为了更好地了解我国目前病房楼护理单元的自然采光情况,作者近几年对北京、南京、上海、大连、宁波等地的7家医院进行了实地考察,覆盖地域广泛,建筑类型多样,扩展了研究的广度,满足了调研的普遍性和特殊性原则。调研对象概况表见表1.1。结合观察和访谈的结果,总结出目前病房楼护理单元自然光环境存在的共性问题及使用者的需求,包括病室自然光质量低、医办空间光环境不完善及公共空间自然光线单一。由于调研的护理单元较多,这里不逐一进行总结,只列举代表性较强的实例。

表1.1 调研对象概况表

名称	医院概况	层数	护理单元形态	自然采光优点	自然采光缺点
大连某医院1	三级甲等医院,2 200张床位,护理单元独立设计	5	中廊式条形护理单元	层数较低,庭院设计,大部分功能实现完全自然采光,光线营造感强	侧面开窗,光线引入量受限
大连某医院2	三级甲等医院,3 700张床位,护理单元位于门诊上部	4~18	方形环廊护理单元	病房均为自然采光,齿状开窗控制射入光线,护士站可实现自然采光	中心医办空间黑房间较多
北京某医院1	三级甲等医院,3 400张床位,护理单元独立设计	4~17	单复廊式护理单元	大部分房间可直接对外采光,公共空间的自然采光良好	护士站完全依靠人工照明,部分病室的朝向差。病室自然光线分布不均匀
北京某医院2	三级甲等医院,1 059张床位,护理单元独立设计	3~17	复廊式护理单元	病房拥有较好的朝向,层高较高,光环境质量相对较高	医办空间和公共空间基本无自然采光

续表1.1

名称	医院概况	层数	护理单元形态	自然采光优点	自然采光缺点
南京某医院	三级甲等医院，1 460张床位，护理单元位于门诊上部	7~14	方形环廊护理单元	护理单元共引入5个大、小庭院，提供自然采光，除个别辅助用房，基本全部实现自然采光	一半以上病房的朝向不好，病室的开窗形式过于注重立面，光线质量降低
上海某医院	三级甲等医院，1 700张床位，护理单元位于门诊上部	6~15	复廊式护理单元	病房南向布置，增加层高，自然光线利用率高	医办空间采光较差，病室侧窗面积大，眩光严重
宁波某医院	三级甲等医院，1 600张床位，护理单元独立设计	5~23	三角形护理单元	病室南向布置，医办集中布置，大部分功能空间实现自然采光	立面全部采用带形窗，病室光线强烈，眩光影响较大

（1）设计阶段对自然采光考虑不足。

首先，在医疗建筑设计理念中，设计师常常为了建筑形式的美学效果而忽略自然采光的应用，导致在很多工程项目中，对当地的自然光条件没有实现很好的利用，而过度依赖人工光源。在大规模的新建和改扩建病房楼项目中，大多数设计师注重建筑形式和立面造型，而注重护理单元内光环境质量进行自然采光设计的微乎其微；立面的开窗仅作为简单的采光口和立面造型元素之一，关于其光环境是否舒适和能否满足建筑内的作业要求几乎没有考虑。另外，随着低碳和节能逐渐成为热门话题，太阳能由于零能耗、零排放的特点，被很多设计师作为建筑供热的主要方式，却没有充分利用太阳光进行采光优化，略显本末倒置。

其次，在大多数病房楼的新建及改扩建工程项目中，对自然采光的设计局限于相关规范中医院建筑采光设计的最低指标，基本上以窗地比作为采光的设计标准，并且仅针对医院整体建筑，并没有具体针对病房。用窗地比来控制护理单元各功能空间的采光具有一定的局限性。例如，当窗户的面积一定时，在得光率方面，正方形的窗户要优越于矩形，差异的明显性随长宽比的增加而增加，且窗的方向与位置不同，也会给空间采光带来一定的差异性，同时墙面的颜色和反光效果均会对病房光环境产生影响。从调研的护理单元的结果来看，病室光线不均匀分布和眩光等问题成为影响光环境质量的主要因素,所以医院建筑的采光设计不应局限于窗地比的控制,对采光均匀度、眩光影响等要素也应有所校核。

最后,在医院建筑当代设计的调研结果中发现,医院建筑越来越多地倾向于应用玻璃幕墙以实现立面上的简洁感和现代感,尽管该手法为病房更大程度上提供了充足的光线,但引发了室内光线不足、室内温度过高等一系列问题,还会使人的视觉不舒适。例如,宁波市某医院,立面采用大面积的带形窗,没有遮阳措施,这对于南方城市的病房空间来说,阳光最大限度地射入南向房间,带来了严重的光线过强和眩光等问题,使得病房和医办空间不得不依靠窗帘进行遮挡,再采用人工照明来提供光线。这种做法降低了病室的自然光环境质量,同时增加了建筑能耗。

(2)病房空间自然光环境质量较低。

尽管高层病房楼在我国医疗建设中经历的时间不长,但是已经成为趋势。为了响应可持续发展的建设主题,可再生能源在高层医疗建筑中的应用受到越来越多的关注。在调研对象中,大部分护理单元布置在高层病房楼中,几乎没有遮挡物,完全为病室提供直接对外采光的良好条件,病室均能得到直接对外采光,在视觉上满足人们日常生活的基本要求。

国内病房大多采用3个床位的病房模式,有较大的进深,不利于采光。调研的病房楼几乎全部采用基础的侧窗模式,这也造成了普遍存在的室内进深方向照度分布不均匀的问题。例如,大连某医院1,其圆拱形的竖向侧窗开窗尺度较小,室内靠近窗户处的采光效果较好,但远离窗户处的照度不足;病房空间有限,病人无法通过移动床位来改变采光效果。通过对北京两家医院的患者进行访谈了解到,虽然侧面开窗较大,为室内引入了足够的自然光线,但使病房光线过强,靠窗侧病床患者为躲避眩光和直射光带来的热问题,不得不用窗帘进行遮挡,导致靠门侧基本得不到光照,整个病房空间气氛较压抑;另外,光线随着时间的推移变更方向,导致患者频繁拉动窗帘,产生烦躁心理。吊顶和阳台的设计阻挡了光线在室内的反射,成为光照不均匀分布的原因之一。

在室内细部设计方面,一半以上的病人表示对于病房隔帘设计不满。一些靠窗患者,由于生理治疗等特殊原因,其床位的隔帘长期处于遮挡状态,导致靠病房内侧的患者终日不见天日,但又无法改变现状,深感无奈。

(3)医疗办公空间自然光环境不够完善。

从调研的9个医院的结果来看,对于护理单元的设计,大多数医院为了满足病房的采光需求,而牺牲医办空间的自然光环境设计,将医办空间布置在中心内廊处,大多数依靠人工照明。我国现有护士站的设计从提高护理效率、降低建设成本的角度出发,因而护士站多位于护理单元的中心位置,这样的布局使得护士站周边缺乏采光,严重依赖人工照明,这样的采光方式不仅增加了建筑能耗,也降低了空间质量。在调研的病房中,只有大连某医院1和南京某医院的护士站拥有自然光线,分别借助走廊尽端的开窗和中心庭院采光,其他护士站全部设在护理单元中心,多为岛式布局,终年没有阳光照射,不能直接采光,完全依靠人工照明,对于自然光环境质量就更没有考虑了。通过对护士的访谈了解到,对于护士站的采光,80%的护士表示不满意。由于每天的工作大部分在护士站进行,要求精力高度集中,工作压力大,而上班时大部分时间活动于人工照明下,很少接触到自然光,因此护士长时间感觉疲惫压抑。

医办空间除护士站外,还包括医护值班室、治疗间及医生办公室。工作人员表示,医护值班室多数只在值班睡觉时使用,对于自然光线的要求较低。治疗间大多数为保证无影操作而使用医疗专用灯,对自然光的要求也相对较低。医生办公室对自然光的要求较高。一方面,医生的诊断和思考工作均在办公室进行;另一方面,医生与患者或患者家属进行病情交代和讨论时,需要一个良好的空间氛围。调研医院的医办空间大部分为开放式共享工作空间。例如,宁波某医院护理单元的医生办公室,由于立面考虑不周,采用大面积玻璃幕墙,过强的光线导致办公室产生强烈眩光,工作人员无法在荧光屏幕下工作;北京某医院1的医生办公室,为满足立面设计,将侧窗设置在房间一侧,家具的布置遮挡了大面积的采光口,使室内横向光线分布不均匀,不得不依靠人工照明辅助采光。这些都是在设计阶段对于自然光线考虑不足造成的,为建筑后期运营带来更高的能耗费用。

(4)公共空间过度依赖人工照明。

内廊式护理单元是早期病房的主要形制,如调研对象中的北京某医院1和北京某医院2,仅在端部两侧设侧窗采光,满足通风需求的意义大于采光,二者均采用内廊式护理单元,中心内部走廊自然光环境指向性较差,走道纵横,全部依靠人工照明采光,差异性小,空间氛围昏暗压抑。调查中,使用者反映走廊无自然光线定位点,不易于识别。75%的探视者表示,进入护理单元后,无法快速、准确找到目的地,走廊内部空间设施重复单一,经常会进入迷路状态,反复走相同路线,从而产生焦躁不安的情绪。通过对走廊使用患者的访谈了解到,患者躺在推车上被来回拖动时,人工照明的使用,使他们的眼睛不得不直视走廊上空的日光灯,光线不停地交错使患者很烦躁。为便于清理和保持室内环境干净,大部分的病房楼走廊顶棚墙壁采用反射率较高的表面材料,光线的反射会产生严重的眩光现象,使患者产生眩晕的感觉。护理单元中的走廊对于光的需求是 24 h 的,尽管一些走廊的使用率不高,但也必须 24 h 采用人工照明来保证基本的视觉要求,这增大了建筑的能耗。新建的病房楼中,有意识地考虑了人性化设计,拓宽走廊宽度,增加附设功能,采光口兼顾采光和观景两重需求。部分电梯厅门口设公共大厅,直接对外采光,为患者及其家属提供一个缓冲和短暂停留的空间。

3. 热环境

北方冬季病房室内温度主要受人工供暖的影响,几乎不受室外温度影响,但受日照影响较大;湿度和室外也无关系,受光照和供暖设备影响较大。夏季病房温湿度主要受光照影响,同时也受一定的室外温湿度影响。

南、北向病房在冬季时温差较大,但在持续供热且温度较高的情况下,两者温度相差很小。南向病房在夏季受光照的影响在正午时分有大幅度的温度提升,但冬季全天温差变化和北侧一样,并未有温差过大的现象,全天室内温度较为稳定。冬季南向病房的热环境较好。在夏季时,北向病房比南向病房温度舒适,但是湿度过大。

病房的布点测试主要研究在平面和剖面上病房的温度分布是否均匀,不均匀的温度是否对病人的使用有影响。为更准确地获得实验结果,本书选取黑龙江省尚志市中医医院和哈尔滨医科大学附属第二医院2组病房样本进行测试,选取南、北双向及全天4个时间点进行数据整理和分析。

经过布点分析,冬季窗口温度过低,房间温度分布很不平衡。紧邻窗口的病床不仅温度会波动,还受到强烈的热辐射和冷风影响。房间冬季时沿双侧壁面有冷流通过,但温差较小,对人体干扰不大。夏季的光照辐射较为严重,紧邻窗户的病床温度可达到34 ℃。

病房配备可调节的中央空调,但冬季中央空调系统是关闭的。冬季时病房的供暖条件很好,但出现了过热的现象,调查时病房平均温度为28 ℃,部分病房达到了30 ℃以上。不仅陪护家属觉得燥热难耐,即使是虚弱的病患也觉得温度过高,但是由于室内外温差极大,不能通过开窗来解决室内过热的问题,因为强烈的冬季室外风会对病人的健康状况造成恶劣影响。因此,要通过建筑设计来解决室内热环境的问题,确保通过稳定的、可控的,能够整体提升室内环境质量的建筑手法来改善室内的热环境,而不是简单地通过增设主动式设备来改善室内热环境。

建筑的自然通风是舒适的室内环境的有效条件。部分地区的夏季室外气温有时很高,一段时间内可以达到32 ℃以上,在病房增设主动式降温设备是很有必要的,但主要还是依托于增加被动式设计的优化手法。建筑的围护结构、建筑的空间布局、室外气候条件、人工设备干预、光照通风等因素,都会对建筑热环境造成影响。

经过调研及总结发现,一些地区医院病房中存在的主要问题包括:冬季窗前温度紊乱问题,冬、夏季室内通风问题,冬、夏季日光辐射问题,室内湿度不适的问题,室内的热扰适应性问题。

窗前温度紊乱是北方地区医院病房在冬季时最主要的一个问题。较冷的窗前空间会使病人产生强烈的不适感。临窗第一个病床在冬季时的热环境状况非常不好,有时床两侧温差甚至达到2 ℃以上。同时,病床临近暖气也会受到强烈的热辐射。在北方地区,冬季供暖方式决定了室内的主要温度动态,供暖的时间、方式和位置会影响室内的整体温度平衡及热环境的优劣。窗口的温度紊乱是窗口漏进的冷空气与暖气上升的热空气造成的,故提升暖气的供热方式是减少窗台附近空气紊流,提升热舒适度的关键之一。

可以在窗台附近摆设相应的家具来屏蔽热对流的干扰。例如,可以在病床和窗户中间设置景观小品或摆设沙发等来减少窗口的温度和光照对病床的干扰,同时阻挡过量的热辐射。

一些地区的病房夏季通过自然通风和中央空调两种方式来调节室内的热环境。经过测试,病房在关门、开窗状态下,无论室外的温度与风速如何,对室内整体的热环境影响都不足以达到让病人满意的程度。室内经常闷热无风,夏季南向室内温度有时可达到30℃。开门、开窗时,室内有风,且通风效果很好,但由于门口直接对着走廊,出于私密性考虑,大多数患者偶尔开门,房门多数时间处于关闭状态。

4. 空气质量

在候诊空间类型及特征方面,城市综合医院候诊空间的类型主要以厅式空间和廊式空间为主。厅式空间相对开放,主要形式呈现为单侧开放、单侧半开放、双侧开放及三侧开放。单侧开放和单侧半开放的形式较为普遍,三侧开放的形式相对较少。廊式空间的平面形式相对较少,以直廊、折廊及多廊连接为主。直廊形式最为普遍。此外,多数厅式空间靠窗,有直接对室外开放的窗户,同时面积相对较大,容量较高,用于容纳相对大量的候诊人群。廊式空间一般处于医院空间内部,通常没有直接对外的窗户,相较于厅式空间,面积小且容量低,常用于二次候诊区域,是诊疗前的过渡区域。

在候诊人群行为特征方面,厅式空间内的人群密度相对较大,多数处于坐姿状态,在诊疗导引指示屏幕所在区域则汇聚部分站立人群。座椅布置主要呈现为行列布局,间断设置通行廊道。廊式空间的人群密度相对较小,候诊人多为坐姿状态,座椅沿廊道进深方向布置,依次排列在廊道长边两侧。候诊人群以患者与陪护人员为主,年龄梯段分布相对均匀。

在通风环境方面,廊式空间的通风口以墙面壁挂与顶面悬挂为主,数量相对较少。厅式空间的通风口以顶面悬挂为主,数量相对较多。此外,两种类型候诊空间均采用置换通风(通风口送风、排风口排风)形式进行室内空气置换。通风口截面常配以导流板来控制送风的方向等,但由于本书所研究的空间相对较大,且主要关注室内空气指标的浓度及分布,暂不对送风口的形式加以区分,主要以垂直于壁面的送风方向为基准。

感知的空气环境状态主要区分为空气沉闷感、空气新鲜感以及空气异味感。在厅式空间中,受访者对空气沉闷感的评价最差,处于不满意的状态;对空气异味感评价最好,相对满意;对空气新鲜感的评价适中。廊式空间的3种感知空气环境因素的评价均在适中以上,这说明廊式空间中的感知空气环境因素更好。在这两种类型的候诊空间中,空气沉闷感以及空气新鲜感的评价显著低于空气异味感。这说明了在两种类型的候诊空间中,空气异味感都被认为是最好的。此外,在两种类型候诊空间中,空气沉闷感、空气新鲜感以及空气异味感均与空气环境满意度评价存在显著正相关性。影响厅式空间空气环境满意度评价的主要因素有空气沉闷感、空气新鲜感以及空气异味感,但是空气异味感并不影响廊式空间的满意度评价,空气沉闷感以及空气新鲜感对廊式空间的空气环境满意度评价有显著影响。在厅式空间中,空气沉闷感对于空气环境满意度的影响程度最高,其次为空气新鲜感。在廊式空间中,空气沉闷感对于空气环境满意度的影响同样最高。这说明了在空气环境因素方面,在两种类型候诊空间中空气环境满意度主要受到空气沉闷感的影响,候诊人群对于沉闷空气的感知水平决定了其对候诊空间的空气环境的评价。

我国综合医院诊疗压力日益增长,庞大的诊疗人数导致医院室内空间过度拥挤,室内环境受到严峻挑战。同时,现有的研究表明,医院的人群密度与空气环境质量存在关联,因此本书探讨了候诊空间人群密度与空气环境满意度之间的关联。

虽然厅式空间中的人群密度与空气环境满意度存在关联,但人群密度对于空气环境的影响并不强烈,这可能是由于厅式空间中,候诊人群处于坐姿状态,这相较于站立状态显著降低了人们对于空间拥挤的感知。同时,坐姿状态对于室内空气流通的阻塞效益较低,良好的通风环境减弱了候诊人群密度对于空气环境满意度的影响。

综上所述,人群密度对于空气环境满意度的影响受到人们对于空气环境可承受阈值的影响。当人群密度处于可接受的范围内时,人群密度对于空气环境满意度的影响有限;当人群密度超过候诊人群的可承受阈值时,人群密度对于空气环境满意度的影响就会显著上升。

1.3.3 医院建筑景观环境发展状况

1. 我国医院建筑景观发展状况

我国医院建筑的景观是伴随医疗技术和建筑技术的进步而发展起来的,中华医学具有久远的历史,崇尚自然、尊重生命的医疗模式对我国医院建筑的形态具有很大影响,其发展过程可分为萌芽期、黯淡期、探索期、发展期4个阶段(图1.7)。

(1)萌芽期。

我国医院建筑设计中对景观的崇尚思想早在周朝时就已出现。唐宋时期之后,社会的发展使医院初具规模,宋朝开封设立了300人的医院,这时的医院对环境及空间功能有了较为清晰的划分,形成了厅堂和廊庑相结合的医院最初布局形

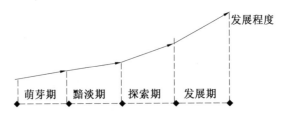

图1.7 我国医院景观发展状况

式。公元1229年,我国第一家正式命名的医院就采取了廊庑结合的形式(图1.8)。这一时期人们已经认识到良好的景观环境对健康的积极作用,是我国医院建筑景观的萌芽期。

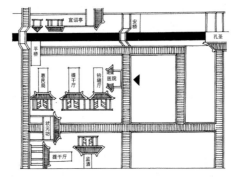

图1.8 公元1229年宋平江政府正式命名的医院
(图片来源:罗运湖编著的《现代医院建筑设计》,第2页)

(2)黯淡期。

1840年以后,生物医学模式的西医学传入我国,这种医学模式要求医生依据生物学变量、细胞结构等采取相应的治疗措施,导致医院有了进一步专业化的发展,使这一时期的医院形成了规模较小的分科、分栋的低层分散式布局形式,如当时的南京鼓楼医院(图1.9)。这一时期医院注重对单纯医疗空间的利用,虽然也适当进行洁污分区和利用自然通风采光,但对医院的景观设计考虑甚少,基本处于被忽视的黯淡阶段。

(3)探索期。

20世纪90年代,我国开始注重医疗卫生事业的发展,医院建筑的建设进入了探索阶段,这时的医院建筑规模不断扩大,多数具有较完整的平面规划,建筑布局也开始根据功能更加灵活地设计,趋于集中的布局使主体建筑多呈"王"字形、"工"字形组合,从而加强了各功能部门间的户外景观规划,如首都医科大学宣武医院(图1.10)。同时,一些医院向疗养院方向发展,重视对室外景观环境的营造,但更多表现在医院入口和屋顶花园的美化,逐渐注重景观对使用者心理、情绪的影响。20世纪以来,经济迅速发展,在激烈的市场竞争中,医院更加注重医疗效率和

图 1.9　南京鼓楼医院

（图片来源：https://njglyy.com/yygk/yygk.aspx）

医院形象的提升，对景观也有了一些关注，但多数停留在利用规划剩余空间填补绿化和少量休闲设施，并没有将景观设计贯穿到医院建筑设计的流程中，仍在探索阶段。

图 1.10　首都医科大学宣武医院

（图片来源：https://www.360zhyx.com/home-research-index-rid-29556.shtml）

（4）发展期。

21 世纪，社会经济和科学技术的迅速发展，加速了我国医院建设的前进步伐，医院景观环境的建设也得到了明显的改善。传统的"工"字形、"王"字形布局形式已适应不了新时代发展的需求，更多的高层医院和综合型医院拔地而起，形成了医院建筑改扩建的热潮。一些综合医院建筑引入了先进的设计理念，形成了多样化的建筑形态和景观布局，如佛山市第一人民医院采用了高层集中式病房和低层网络型门诊医技结合的布局形式，并在入口形成了与绿化景观结合的大型下沉广场，流线紧凑，造型丰富（图 1.11）。多数医院改进了景观环境的设计，增加了公共交流的中庭空间，提高了病房的环境质量，增加了少床病室，医院建筑景观的设计进入了发展阶段，但是对使用者不同需求的领域性空间景观及知觉体验关注较少，景观形式单一，仅停留在观赏和配套的层面。

图 1.11　佛山市第一人民医院

（图片来源：http://fsxinyijian.com/yeuwulingyu/32.html）

2. 国外医院建筑景观发展状况

国外医院建筑景观从单纯的医疗环境，发展到如今丰富多样的环境形态，经历了漫长的历史过程，同时也积累了丰富的经验。国外医院建筑景观的发展经历了5 个阶段：萌芽期、探索期、黯淡期、发展期、繁荣期（图 1.12）。

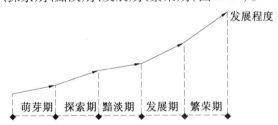

图 1.12　国外医院建筑景观发展状况

（1）萌芽期。

公元前 600 年在印度就有了医院的雏形。公元前 400 年罗马出现了教会医院，6 世纪后西欧开始建立医院。医院景观环境的记述最早可追溯到中世纪欧洲僧院社区的拱廊庭院，其主要用途是供苦难者或长途香客食宿医疗，并不是一种独立的建筑类型，而是依附于教堂寺院或与宗教建筑相连接，为医院与庭院的结合奠定了基础，形成了医院景观的萌芽时期。

（2）探索期。

19 世纪 50 年代后，出现了细菌理论和南丁格尔的护理理念，使医院的功能从简单护理转变成了为患者康复的机构。南丁格尔的护理理念强调了医疗卫生和疾病预防的重要性，她希望所有医院都能够有严格的卫生条件、自然空气及个人的医护照料（图 1.13）。这个医疗理念在克里米亚战争中应用于军队医院得到了成功的验证。以南丁格尔护理理念为基础的阁式医院成为 19 世纪医院的主要形式，这种医院的房间采用很大的开窗,通过阁式病房之间的户外空间将阳光和新鲜空气引入室内,如法国蒙彼利埃的圣埃洛伊医院(图1.14)。这一时期人们受浪漫主义的影响,关注优美的自然环境对身心健康的积极作用,开始注重对康复治疗环境的营造,对户外空间的利用也大大增加,使患者能够走出病房,享受优美的户外环境,医院建筑景观的建设进入了探索和实践阶段。

图1.13　南丁格尔夜巡士兵病房

(图片来源:https://m.thepaper.cn/newsDetail_forward_7350884)

图1.14　法国蒙彼利埃的圣埃洛伊医院

(图片来源:John D. Thompson, Grace Goldin. *The Hospital*: *A Social and Architectural History*. p5.)

(3)黯淡期。

20世纪初,人们无限地追求经济效益和先进的建筑技术,使医院建筑从原来的二层阁楼式转变为多层的医疗综合体,如美国巴尔的摩市的约翰·霍普金斯医院(图1.15),平面由一系列单层的阁式医院组合而成。随着规模的不断扩大,阁式医院难以适应大规模医院的发展要求,专家、学者们提出了高层医院的设想。高层医院的出现,使医院建筑的设计重点转向提高空间利用率,不再关注患者对景观环境的感受。20世纪后期,高科技飞速发展,医院建筑更加关注医疗效率的提高和医疗设备的更新,医院景观环境已经变成人们漠不关心的便利设施,有助于康复的效果也随之不复存在了,医院建筑的景观建设走向了黯淡期。

(4)发展期。

20世纪末,保健产业与医院相结合,涌现出了一些与旅馆、度假场所相似的医院,这类医院重视对景观的设计,形成了自由的户外景观和良好的室内环境,医院景观重新被社会所重视,并得到了一定的改善和发展。但景观多集中在入口形象

图1.15 约翰·霍普金斯医院

(图片来源:http://www.globecancer.com/wap/index.php?moduleid=31&itemid=251)

和室内走廊布满艺术品,以及大片的室外绿化,形式单一,缺乏空间层次。

(5)繁荣期。

21世纪医学模式的转变,使医院景观对康复治疗的辅助作用和心理情绪的调节作用被人们所重视,相关的理论和一些实践也得到了推广。随着环境问题成为世界的焦点,医院景观的建设在新型医院的建设中如火如荼地进行,进入了繁荣期。但这些设计却很少特意去关注使用者痊愈或缓解压力所需要的感知景观体验,多是医院形象的表面化装饰。

第 2 章　医院建筑环境综合评价

随着时代的发展,我国新时期医院医疗卫生业务的新发展产生了新任务,对医院建筑有了新需求,基本的医院建筑的医疗服务能力已无法满足新的需求。因此,本书提出我国医院建筑的医疗服务能力、医院建筑的应急能力与医院建筑的气候适应性3个评价内涵,为我国医院的建设发展提供更多的实践指引。

2.1　医院建筑评价内涵

本书深度挖掘医院建筑的医疗服务能力、医院建筑的应急能力和医院建筑的气候适应性3个评价内涵。

2.1.1　医院建筑的医疗服务能力

医院担负着医疗救治、疾病预防、教育宣传等重要职责,其建筑空间的设置对于日常医疗服务的支撑,即基本医疗卫生服务能力至关重要。根据《综合医院建设标准(建标110—2021)》等相关文件的总结,医院有3个基本服务功能和12项基本卫生服务项目。本书对于医院的基本服务功能及相应建筑、空间的支撑进行了总结。

公共卫生服务的重点及其建筑需求如下。

(1)疾病的初期控制、预防接种、传染病防治,以及有针对性的健康教育及指导等。

(2)妇幼保健,包括妇女保健和儿童保健。

(3)健康教育,在当地群众中开展普及性的健康宣传教育。

(4)计划生育技术服务,包括相关咨询服务及相关手术。

由上述总结可知,医院建筑需配备预防办公室、妇幼保健办公室、多功能会议室、培训教室,以及相配套的疫苗、药品藏储、预防接种、接种留观、妇幼健康教育、计划生育手术、婚前检查等用房。

基本医疗服务功能的基本服务项目及建筑需求如下。

(1)急诊救治:负责急诊病例接诊或安排相关医护工作者出诊,实施救治。对于突发性事件,医院应及时有效地进行现场救援、转诊工作。

(2)门诊:日常疾病的治疗。

医院需配备相应的门诊业务用房,诸如门诊诊室及配套的门厅、候诊、检查、注

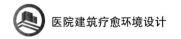

射治疗、药房、输液观察、挂号收费等用房。

（3）住院：办理病人入院业务的科室。配备出入院、住院药房、各科病房、重症监护室、急症手术室等功能用房。

（4）医技：为临床医生提供技术支持和服务，帮助医生进行疾病的诊断和治疗。基本检查包括血、尿、粪三大常规检查及其他生化检查。在建筑空间设计上应包括基本的化验室、X光检查室及心电图、B超等功能检查室、手术室、消毒供应间等。

此外，医院的基本服务还包括卫生管理、卫生保健、专业培训、卫生服务及卫生监督等，需配置相应面积的公共卫生服务用房。

2.1.2 医院建筑的应急能力

突发公共卫生事件时，医院要负责现场的及时救援；在病情或灾况得到基本控制时，还要做好交接及转运工作。因此，从建筑学的视角出发，应急机构、现场救援与医疗救治、应急培训与演练、公众教育与宣传是保障医院突发公共卫生事件应对能力的基础。下面对其在建筑方面的需求做简要分析。

应急机构包括应急相关科室、指挥部门及突发事件专家库等空间设置。现场救援应考虑紧急出发前院内救援车辆的停放空间、救护人员的办公准备空间及救护人员的中途救治操作空间（专业的移动救援设备，如大型救护车）等。医疗救治则应考虑紧急救治空间、救治方案讨论室等。应急培训与演练主要针对院内医护工作人员展开，其应考虑配置理论知识的学习空间及模拟演练空间。此处应注意空间功能的多用途性及可切换性。应急培训与演练主要针对就医人群宣传急救知识等，切实提高群众的应急意识。

2.1.3 医院建筑的气候适应性

气候环境使得该地区的医院建筑设计明显区别于其他地区，探究医院建筑的气候适应性是对医院建筑进行综合评价的重要内涵之一。

1. 总体规划布局对气候的适应

医院的规划可达性、总体建筑布局适应性尤为重要。医院在选址时，应注意保证医院与居民点的距离、周边道路的通达性，在总体规划布局时，应注意建筑的组合形式、建筑功能的联系紧密度等。

2. 建筑外部形体对气候的适应

一般医院的内部功能、建筑规模及地域特色是外形设计需要考虑的因素，对于气候的适应则成为外形设计的关键。因此，设计时应考虑建筑造型的体形系数恰当，建筑窗墙比设置合理，屋面、墙体及门窗的保温防潮性能强，等等。

3. 建筑内部功能对气候的适应

对于医院这类医疗建筑来说,充足的采光和日照尤为重要。因此,应考虑内部功能的合理布局及空间设计。医院建筑组合形式宜采用相对集中式,采用厅廊结合式布局,入口处宜设置门斗,且入口台阶及坡道处应采取防滑措施,屋顶或中庭上空不宜设置采光天窗或采光顶。

门诊、急诊室是使用率最高、对外联系最频繁的部分,同时也是进入医院的第一道入口。因此,为增加采光和日照,其平面长轴应呈东西向布置,且宜布置于南向,空间设置应尽量加大开间,减小进深。医技、检验业务用房由于要避免阳光的直射,宜尽量设置于北侧。病房应尽量布置于南向,且进深不宜过大,H(建筑高度)×日照系数≤日照间距,以保证病房充足的日照。同时,考虑北方地区冬季冰雪造成的影响,应设置室内卫生间。

4. 室内物理环境对气候的适应

就医病人由于身体情况的特殊性,对室内物理环境的要求更高,因此医院应保证良好的室内物理环境,做到温湿度适宜,并设置通风换气设备,保证室内良好的空气质量。

2.1.4 评价内涵及因子的联系

1. 评价规则

医院建筑的医疗服务能力、医院建筑的应急能力、医院建筑的气候适应性基本涵盖了医院建筑的设计需求及特色,其中,医院建筑的医疗服务能力是评价的基本前提。因此,当对医院进行评价时,无论医院建筑的应急能力与医院建筑的气候适应性的评价结果如何,当医院建筑的医疗服务能力无法达标时,该医院的评价则不及格。医院评价规则标准图如图2.1所示。

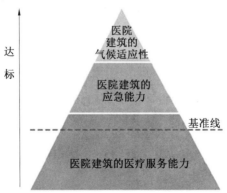

图2.1 医院评价规则标准图

2. 评价内涵

医院建筑的医疗服务能力、医院建筑的应急能力、医院建筑的气候适应性分别代表医院建筑综合评价的不同方面,即基本日常医疗、紧急情况应急医疗、对气候的适应,缺一不可。评价时三者部分因子会有重叠,但由于对主体影响程度不同,因此所占权重不同。

3. 评价因子

强调评价的互补性,如在评价医院建筑的医疗服务能力时,当周边交通条件不佳时,若与居民点距离近,则可以弥补交通条件的不足。因子的互补使得对医院的评价更加综合与全面。

2.2 医院建筑环境综合评价指标体系

2.2.1 构建原则与思路

1. 构建原则

医院建筑综合设计涉及总体规划、建筑设计、建筑技术3个方面,建立指标体系时,需要具备全面综合性,然而指标过多,又会减弱指标体系的适用性。因此,应在合理和准确评价的基础上尽量缩减不必要的指标。指标的选取原则尤为重要,科学合理是医院建筑综合评价指标体系建立的基础。作者参考了大量较为合理和得到认可的指标体系设置原则,再根据医院建筑设计的内涵、特征,总结出建立医院建筑综合评价指标体系的原则,具体如下。

(1)科学完整性。

医院建设是一个非常系统的工程,其指标体系要包含医院建筑设计的方方面面,既要考虑医护管理者的需求,又要表达病患使用者的诉求,同时还要考虑医疗建筑内部各个系统之间的协调统一,形成一个整体。因此,建立指标体系需要经过科学合理的思考,要保证指标体系能全面地反映医院建筑的设计要求。

(2)简明性。

本书的医院建筑评价包括3个方面,即医院建筑的医疗服务能力、医院建筑的应急能力、医院建筑的气候适应性。在指标选取的过程中,会发现选取的指标之间大多会有相关性,造成指标冗余。因此,在初步进行指标选取时,要考虑到指标的简明性。

(3)以人为本。

医院的建设是为了更好地服务于患者群体,使患者拥有更加良好的卫生预防和治疗环境,因此指标的设置要体现患者使用过程中最为关心的问题。

(4)可操作性。

为保证最终评价切实可行,要建立具有代表性、易于评价的指标体系,同时指标所需数据要易于统计,以便计算和评价。

(5)定性与定量相结合。

由于评价对象的特殊性,并非所有的评价因子都可以进行定量化考量,同时部分定性的指标更能够体现态度、满意情况等,所以采取定性与定量相结合的评价原则。但基于数据量化评价的准确客观,定量指标依然要作为评价的主体部分。

(6)因地制宜性。

由于气候条件不同,因此指标体系的建设要体现出气候的特色属性,过冷或过热的气候条件会给就医交通、就医环境、就医空间等带来一系列问题,所以选择指标时要考虑因地制宜的原则。

2. 构建思路

本书采用目标层次法建立评价的结构体系,将医院建筑综合评价作为综合目标,将医院建筑的医疗服务能力、医院建筑的应急能力及医院建筑的气候适应性作为下一层次的分目标,继而层层展开,确立各分目标的子目标、要素及因子(图2.2),后期要素、因子的具体提炼需在查阅规范及调研分析的基础上进行,并在经过重要程度问卷的筛选后建立最终指标体系。

2.2.2 评价指标体系构建

医院建筑环境综合评价的指标体系由于数量庞大、种类繁多,因此其建立需经过严密的逻辑过程。下面具体阐述医院建筑环境综合评价指标体系的构建及权重确立。

1. 构成指标初选库

医院建筑环境综合评价指标的初选方法主要为文献整理、专家讨论及实地调研。

首先,通过整理医院建筑设计、医院各类评价的相关文献资料,以及相关法规、标准和条例,初步分析、整理出部分要素。其次,与医学、建筑学研究相关专家进行进一步的讨论,补充相关要素指标。最后,通过实地调研、观察和测量等,增加部分资料中遗漏的现存因素,完善医院建筑环境综合评价指标体系。

经过上述过程的初步整理,得出医院建筑环境综合评价要素指标(表2.1)。

经分析,本书以医院建筑的医疗服务能力评价为基础,医院建筑的应急能力评价及医院建筑的气候适应性评价为提高,初步总结了10项子目标28项要素,基本涵盖了医院建设的各方面,因素较为全面且无冗余。

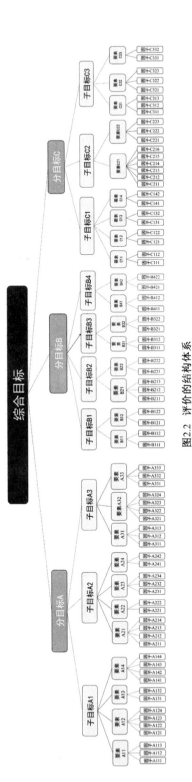

图2.2 评价的结构体系

表 2.1　医院建筑环境综合评价要素指标

目标层	分目标层	子目标层	要素层
医院建筑环境综合评价	医院建筑的医疗服务能力评价	总体规划	用地选址
			规模建设
			绿地系统
			交通系统
		建筑设计	功能布局
			空间尺度
			流线设计
			建筑外观
			建筑结构
		建筑技术	物理环境
			设备支持
	医院建筑的应急能力评价	应急机构	应急指挥部门设置
			应急相关科室设置
		现场救援与医疗救治	现场救援
			医疗救治
		应急培训与演练	理论学习
			模拟演练
		应急教育与宣传	应急教育
			应急宣传
	医院建筑的气候适应性评价	总体规划	用地选址
			规模建设
			绿地系统
			交通系统
		建筑设计	功能布局
			建筑形体
			建筑材料
		建筑技术	物理环境
			设备支持

医院建筑环境综合评价因子指标整理如下。

医院建筑的医疗服务能力要素及因子指标见表2.2。本书从总体规划、建筑设

表2.2 医院建筑的医疗服务能力要素及因子指标

分目标层	子目标层	要素层	因子层
医院建筑的医疗服务能力	总体规划	用地选址	建设场地与人口聚居点的距离
			建设场地与垃圾、污水处理站及振动噪声源的距离
			周边交通的便利性
		规模建设	用地面积
			床位规模
			服务半径
			容积率
		绿地系统	院区植物配置
			绿化率
		交通系统	院区出入口设置个数
			主入口处是否设置疏散广场
			人车分流
			洁污分流
			地上停车设置
	建筑设计	功能布局	功能用房配置
			功能分区设置
			用房朝向设置
		空间尺度	走廊尺度
			功能用房尺度
		流线设计	就医流程的便捷性
			医患分流

续表2.2

分目标层	子目标层	要素层	因子层
	建筑设计	流线设计	洁污分流 电梯设置情况
		建筑外观	建筑造型 建筑色调 建筑地域性特色
		建筑结构	结构的耐久年限 结构的安全等级
	建筑技术	物理环境	室内采光情况 室内湿度控制 室内温度控制 室内声环境控制
		设备支持	常备电源设置 医疗卫生上下水设置 医疗垃圾处理

计、建筑技术3个方面筛选了医院建筑的医疗服务能力评价的11项要素35项因子。因子筛选主要围绕医院建筑对于日常医疗服务的支持，包含建筑设计的各项要点，较为全面。

医院建筑的应急能力要素及因子指标见表2.3。本书从应急机构、现场救援与医疗救治、应急培训与演练、应急教育与宣传4个方面筛选了医院应急能力评价的8项要素15项因子。该因子的筛选主要侧重于医院对于公共突发卫生事件的应对，因此有更强的针对性，主要从空间配备、人员安排及设施配置方面展开。

表 2.3 医院建筑的应急能力要素及因子指标

分目标层	子目标层	要素层	因子层
医院建筑的应急能力	应急机构	应急指挥部门设置	应急指挥部门的设置
		应急相关科室设置	应急科室功能配置
			应急科室的面积
	现场救援与医疗救治	现场救援	紧急救援车辆及停放空间
			救护人员办公准备空间
			救护人员的中途救治操作空间
		医疗救治	紧急救治空间设置
			疾病救治方案讨论室
	应急培训与演练	理论学习	培训教室空间配置
			培训教室设置的独立性
		模拟演练	演练空间配置
			演练次数
	应急教育与宣传	应急教育	应急教育教室空间的设置
			应急教育教室的独立性
		应急宣传	室内宣传栏的展览空间

医院建筑的气候适应性要素及因子指标见表2.4。本书从总体规划、建筑设计、建筑技术3方面筛选了医院建筑的气候适应性评价的9项要素25项因子。医院建筑的气候适应性评价与医院建筑的医疗服务能力评价指标的筛选逻辑相同，但落实到因子时，主要选取了能够体现保温抗寒属性的指标，如建筑的体形系数、地面铺装的防滑、建筑围护结构的保温等，具有很强的针对性。

2. 遴选相关指标

本轮设计专家调查及社会调查问卷来对初选定的指标进行进一步的筛选，以确保指标更严谨、客观。

（1）问卷设计。

设计重要程度问卷，分为4个等级，即可有可无、一般重要、重要、非常重要，被调研者可根据指标因子对评价目标的重要性进行选择，后期进行数据整理分析时，对不同等级从低到高分别赋予1、3、5、7的分值。另外，问卷设计具有一定的弹性，受访者可根据自己的意愿增加或修改指标。问卷采取向各专家发送邮件及入户访谈调研的方式。

表 2.4　医院建筑的气候适应性要素及因子指标

分目标层	子目标层	要素层	因子层
医院气候适应性	总体规划	用地选址	周边道路可达性 与居民聚居点距离
		规模建设	建筑组合形式 服务半径 建筑密度
		绿地系统	室外绿化配置 绿化率
		交通系统	院区地面铺装防滑设置 严寒地区车库设置
	建筑设计	功能布局	平面布置形式 主要功能用房朝向 门急诊功能用房的开间进深比 病房与其他建筑的日照间距 卫生间设置
		建筑形体	建筑体形系数 主要功能用房的窗墙比 主要功能用房的窗地比
	建筑技术	建筑材料	围护墙体的保温性能 窗的保温性能 屋顶围护结构的保温性能
		物理环境	诊室、病房的采光情况 冬季室内温度控制 冬季室内湿度控制
		设备支持	采暖、空调设施设置 换气通风装置

(2)调研专家组成。

本轮问卷调查的对象主要为医疗建筑方面的研究人员、医院的医务工作者、管理人员及病患等。专业研究人员的年龄大多为 25~35 岁,也有部分 50~65 岁的教授、学者。医务工作者及管理人员的年龄大多为 38~55 岁,医疗救治经验丰富。病患以儿童、老年人为主,他们对医院的医疗情况及设施条件较为了解。

(3)统计方法。

采用 SPSS 对调研数据进行整理分析,并分别用算术平均值、标准差及变异系数 3 种方式来计算指标因子的采纳程度与共识度。算术平均值越高,表示因子的采纳程度越高;变异系数越低,表示对该指标因子达成的共识度越高。

指标因子的算术平均值为 P_j。

$$P_j = \frac{1}{n} \sum_{i}^{n} = X_{ij} \qquad (2.1)$$

指标因子的标准差为 Q_j。

$$Q_j = \sqrt{\frac{1}{n-1} \sum_{i=1}^{n} (X_{ij} - P_j)^2} \qquad (2.2)$$

指标因子的变异系数为 R_j。

$$R_j = Q_j / P_j \qquad (2.3)$$

本问卷调研共获得专家问卷 23 份、社会问卷 53 份。对问卷结果进行统计与整理,得出的数据见表 2.5~2.7。

表 2.5 医院建筑的医疗服务能力评价要素因子的算术平均值、标准差、变异系数

子目标	要素层	因子层	算术平均值	标准差	变异系数
总体规划	用地选址	建设场地与人口聚居点的距离	6.00	1.05	0.18
		建设场地与垃圾、污水处理站及振动噪声源的距离	4.20	1.69	0.40
		周边交通的便利性	6.20	1.03	0.17
	规模建设	用地面积	5.00	1.89	0.38
		床位规模	5.00	1.33	0.27
		服务半径	5.80	1.40	0.24
		容积率	4.00	1.70	0.42

续表2.5

子目标	要素层	因子层	算术平均值	标准差	变异系数
总体规划	绿地系统	院区植物配置	4.20	1.69	0.40
		绿化率	4.20	1.69	0.40
	交通系统	院区出入口设置个数	4.60	1.58	0.34
		主入口处是否设置疏散广场	4.20	1.03	0.25
		人车分流	4.00	1.41	0.35
		洁污分流	6.60	0.84	0.13
		地上停车设置	4.00	1.05	0.26
建筑设计	功能布局	功能用房配置	6.80	0.63	0.09
		功能分区设置	5.60	1.65	0.29
		用房朝向设置	5.20	1.48	0.28
	空间尺度	走廊尺度	4.80	1.14	0.24
		功能用房尺度	5.00	0.94	0.19
	流线设计	就医流程的便捷性	6.20	1.40	0.23
		医患分流	5.00	1.33	0.27
		洁污分流	6.40	0.97	0.15
		电梯设置情况	4.20	2.15	0.51
	建筑外观	建筑造型	4.20	1.40	0.33
		建筑色调	4.00	1.70	0.42
		建筑地域性特色	3.20	1.75	0.55
建筑技术	建筑结构	结构的耐久年限	4.60	1.26	0.27
		结构的安全等级	6.40	0.97	0.15

续表2.5

子目标	要素层	因子层	算术平均值	标准差	变异系数
建筑技术	物理环境	室内采光情况	5.60	0.97	0.17
		室内湿度控制	5.00	1.33	0.27
		冬季室内温度控制	5.60	0.97	0.17
		室内声环境控制	4.60	1.58	0.34
	设备支持	常备电源设置	6.00	1.70	0.28
		医疗卫生上下水设置	6.40	0.97	0.15
		医疗垃圾处理	3.20	2.20	0.69

表2.6 医院建筑的应急能力评价要素因子的算术平均值、标准差、变异系数

子目标	要素层	因子层	算术平均值	标准差	变异系数
应急机构	应急指挥部门设置	应急指挥部门的设置	5.80	1.40	0.24
	应急相关科室设置	应急科室功能配置	5.80	1.40	0.24
		应急科室的面积	3.20	1.75	0.55
现场救援与医疗救治	现场救援	紧急救援车辆及停放空间	6.40	0.97	0.15
		救护人员办公准备空间	5.40	1.26	0.23
		救护人员的中途救治操作空间	6.20	1.03	0.17
	医疗救治	紧急救治空间设置	6.40	0.97	0.15
		疾病救治方案讨论室	3.00	1.33	0.44
应急培训与演练	理论学习	培训教室空间配置	4.20	1.03	0.25
		培训教室设置的独立性	4.20	1.40	0.33
	模拟演练	演练空间设置	4.00	1.41	0.35
		演练次数	4.20	1.40	0.33
应急教育与宣传	应急教育	应急教育教室空间的设置	4.00	1.05	0.26
		应急教育教室的独立性	4.20	1.69	0.40
	应急宣传	室内宣传栏的展览空间	4.20	1.40	0.33

表 2.7　医院建筑的气候适应性评价要素因子的算术平均值、标准差、变异系数

子目标层	要素层	因子层	算术平均值	标准差	变异系数
总体规划	用地选址	周边道路可达性	6.00	1.05	0.18
		与居民聚居点距离	5.80	1.03	0.18
	规模建设	建筑组合形式	4.60	1.58	0.34
		服务半径	5.00	1.89	0.38
		建筑密度	3.20	1.75	0.55
	绿地系统	室外绿化配置	4.00	1.41	0.35
		绿化率	4.20	1.69	0.40
	交通系统	院区地面铺装防滑设置	5.60	0.97	0.17
		严寒地区车库设置	4.80	1.14	0.24
建筑设计	功能布局	平面布置形式	4.80	0.63	0.13
		主要功能用房朝向	5.20	1.14	0.22
		门急诊功能用房的开间进深比	4.60	1.26	0.27
		病房与其他建筑的日照间距	5.20	1.14	0.22
		卫生间设置	4.80	0.63	0.13
	建筑形体	建筑体形系数	5.00	1.33	0.27
		主要功能用房的窗墙比	5.60	0.97	0.17
		主要功能用房的窗地比	5.60	0.97	0.17
建筑技术	建筑材料	围护墙体的保温性能	6.20	1.03	0.17
		窗的保温性能	6.20	1.03	0.17
		屋顶围护结构的保温性能	5.80	1.03	0.18
	物理环境	诊室、病房的采光情况	5.60	0.97	0.17
		冬季室内温度控制	6.40	0.97	0.15
		冬季室内湿度控制	5.60	0.97	0.17
	设备支持	采暖、空调设施设置	6.20	1.03	0.17
		换气通风装置	6.20	1.03	0.17

3. 形成最终指标体系

通过对回收的 76 份专家及社会问卷进行算术平均值、标准差及变异系数等方面的数据运算,最终筛选出 76 项指标因子。其中医院建筑的医疗服务能力评价有 34 项,医院建筑的应急能力评价有 17 项,医院建筑的气候适应性评价有 25 项。算数平均值 P_j、变异系数 R_j 的取值范围及数据筛选过程见表 2.8。

表 2.8　算数平均值 P_j、变异系数 R_j 的取值范围及数据筛选过程

分值标准	情况概述
$P_j \geq 5.6$	专家及社会认可度非常高,该类指标对其评价目标的重要性非常大。因此,选择了包括建设场地与人口聚居点的距离、周边交通便利性、洁污分流、功能用房配置等在内的 32 项指标
$4.2 \leq P_j < 5.6$ 且 R_j 较低	专家及社会认可度较高,且观点较为一致,应予与关注。因此,选择了建设场地与垃圾、污水处理站及振动噪声源的距离、用地面积、床位规模、道路可达性等在内的 31 项指标
$P_j < 4.2$	综合分析此类指标,结合二次反馈意见,酌情进行合理指标筛选,此过程包含容积率、地上停车设置、人车分流等在内的 10 项指标

经过上述 3 个过程的筛选,并同时结合问卷中专家和社会调查对指标增减、修改的意见进行总结分析,建议删掉的指标有 4 项,分别是主入口处是否设置疏散广场、电梯设置情况、建筑地域性特色、建筑密度等;建议增加的指标有 5 项,分别为无障碍设计、结构的抗震烈度、与当地政府办公地的距离、室外宣传栏的展放空间、入口门斗设置;建议修改的指标有 3 项,分别为将"应急科室设置"修改为"应急科室功能配置"、"应急科室的面积"修改为"应急科室流线设置"、"疾病救治方案讨论室"修改为"紧急救治入口停车广场设置"。最终指标体系见表 2.9。

表 2.9　医院建筑环境综合评价指标体系

目标层	分目标层	子目标层	要素层	因子层
医院建筑环境综合评价研究	医院建筑的医疗服务能力 A	总体规划 A1	用地选址 A11	建设场地与人口聚居点的距离 A111
				建设场地与垃圾、污水处理站及振动噪声源的距离 A112
				周边交通的便利性 A113
			规模建设 A12	用地面积 A121
				床位规模 A122
				服务半径 A123
				容积率 A124

续表2.9

目标层	分目标层	子目标层	要素层	因子层
医院建筑环境综合评价研究	医院建筑的医疗服务能力 A	总体规划 A1	绿地系统 A13	院区植物配置 A131
				绿化率 A132
			交通系统 A14	院区出入口设置个数 A141
				人车分流 A142
				洁污分流 A143
				地上停车设置 A144
		建筑设计 A2	功能布局 A21	功能用房配置 A211
				功能分区设置 A212
				用房朝向设置 A213
				无障碍设计 A214
			空间尺度 A22	走廊尺度 A221
				功能用房尺度 A222
			流线设计 A23	就医流程的便捷性 A231
				医患分流 A232
				洁污分流 A233
			建筑外观 A24	建筑造型 A241
				建筑色调 A242
		建筑技术 A3	建筑结构 A31	结构的耐久年限 A311
				结构的安全等级 A312
				结构的抗震烈度 A313
			物理环境 A32	室内采光情况 A321
				室内湿度控制 A322
				室内温度控制 A323
				室内声环境控制 A324

续表2.9

目标层	分目标层	子目标层	要素层	因子层
医院建筑环境综合评价研究	医院建筑的医疗服务能力 A	建筑技术 A3	设备支持 A33	常备电源设置 A331 医疗卫生上下水设置 A332 医疗垃圾处理 A333
	医院建筑的应急能力 B	应急机构 B1	应急指挥部门设置 B11	与当地政府办公地的距离 B111 应急指挥部门的设置 B112
			应急相关科室设置 B12	应急科室功能配置 B121 应急科室流线设置 B122
		现场救援与医疗救治 B2	现场救援 B21	紧急救援车辆及停放空间 B211 救护人员办公准备空间 B212 救护人员的中途救治操作空间 B213
			医疗救治 B22	紧急救治空间设置 B221 紧急救治入口停车广场设置 B222
		应急培训与演练 B3	理论学习 B31	培训教室空间配置 B311 培训教室设置的独立性 B312
			模拟演练 B32	演练空间配置 B321 演练次数 B322
		应急教育与宣传 B4	应急教育 B41	应急教育教室空间的设置 B411 应急教育教室的独立性 B412
			应急宣传 B42	室内宣传栏的展览空间 B421 室外宣传栏的展放空间 B422

续表2.9

目标层	分目标层	子目标层	要素层	因子层
医院建筑环境综合评价研究	医院建筑的气候适应性C	总体规划C1	用地选址C11	周边道路可达性C111 与居民聚居点距离C112
			规模建设C12	建筑组合形式C121 服务半径C122
			绿地系统C13	室外绿化配置C131 绿化率C132
			交通系统C14	院区地面铺装防滑设置C141 严寒地区车库设置C142
		建筑设计C2	功能布局C21	平面布置形式C211 主要功能用房朝向C212 门急诊功能用房的开间进深比C213 病房与其他建筑的日照间距C214 入口门斗设置C215 卫生间设置C216
			建筑形体C22	建筑体形系数C221 主要功能用房的窗墙比C222 主要功能用房的窗地比C223
		建筑技术C3	建筑材料C31	围护墙体的保温性能C311 窗的保温性能C312 屋顶围护结构的保温性能C313

续表2.9

目标层	分目标层	子目标层	要素层	因子层
医院建筑环境综合评价研究	医院建筑的气候适应性 C	建筑技术 C3	物理环境 C32	诊室、病房的采光情况 C321
				冬季室内温度控制 C322
				冬季室内湿度控制 C323
			设备支持 C33	采暖、空调设施设置 C331
				换气通风装置 C332

2.2.3 指标权重的确定

1. 设计调查问卷

由于各因子对最终评价结果的影响重要程度不同,因此本书采取科学有效的九级标度法来确定分目标、子目标、要素及因子的重要程度(表2.10),并运用yaahp软件制作调查问卷,分别为医院建筑环境综合评价权重调查问卷、医院建筑的医疗服务能力权重调查问卷、医院建筑的应急能力权重调查问卷、医院建筑的气候适应性权重调查问卷。

表2.10 九级标度法及标度解释

标度	标度解释(两两要素或因子对比)
1	重要程度相同
3	前者稍重要于后者
5	前者明显重要于后者
7	前者强烈重要于后者
9	前者极端重要于后者
2、4、6、8	上述相邻标度的中间值,代表相邻重要程度的中间值
倒数	若重要性因素 a/因素 $b=g_{ab}$,那么重要性因素 b/因素 $a=g_{ba}=\dfrac{1}{g_{ab}}$

4类问卷的权重计算模型如图2.3所示。由于问卷涉及建筑设计方面的专业知识,且问卷填写难度较高,因此本问卷调查对象选择了医疗建筑方面的研究人员,即为专家问卷。

2. 构造判断矩阵及一致性检验

作者共调查了20位医疗建筑专业研究人员,分别填写了上述4类问卷。将上述问卷录入yaahp中,生成各专家数据的判断矩阵。

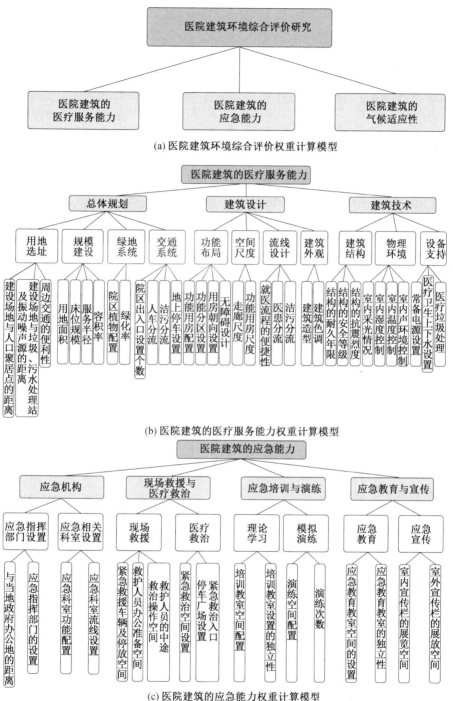

(a) 医院建筑环境综合评价权重计算模型

(b) 医院建筑的医疗服务能力权重计算模型

(c) 医院建筑的应急能力权重计算模型

图 2.3　4 类问卷的权重计算模型

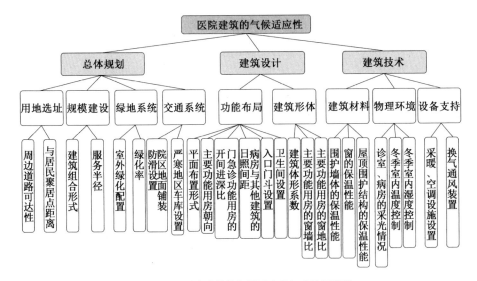

(d) 医院建筑的气候适应性权重计算模型

续图 2.3

由于专家的主观思维、意识等方面的影响,判断矩阵会出现残缺和不一致的情况,为修正主客观因素对专家评判思维的影响,需进行一致性检验,其计算函数如下。

矩阵判断的一致性指标 DI 计算公式为

$$DI = (\lambda_{max} - n)/(n - 1) \qquad (2.4)$$

随机一致性比率 DR 的计算公式为

$$DR = DI/RI \qquad (2.5)$$

RI 为平均随机一致性指标,其值根据矩阵内元素个数不同而不同。RI 对应矩阵取值表见表 2.11。

表 2.11 RI 对应矩阵取值表

n	2	3	4	5	6	7	8	9	10	11	12
RI	0.00	0.58	0.90	1.12	1.24	1.32	1.41	1.45	1.49	1.52	1.54

根据计算,RI 在 0.1 以下时,表示矩阵满足一致性检验,可继续计算权重值,反之则需进行调整。在 yaahp 中可以对专家问卷中的微小误差及矩阵残缺进行自动补全及修正,从而保证矩阵的一致性。若矩阵存在错误,则无法进行修正,需重新联系专家进行再次调研。本次调研经过 yaahp 的矩阵判断,有效问卷 18 份,无效问卷 2 份。返回重新修正后,对 20 份问卷重新进行矩阵判断,发现其一致性均小于 0.1,满足一致性要求。

3. 评价指标权重

对于权重计算，yaahp 提供了 4 种计算方式：专家结果权重加权几何平均、专家结果权重加权算术平均、专家判断矩阵加权几何平均和专家判断矩阵加权算术平均。4 种计算方式的区别是权重计算与判断矩阵一致性计算的先后问题。前 2 种计算方式为在保证各专家判断矩阵一致性的前提下，分别计算各专家问卷的权重值，再将各专家权重值进行几何平均或算术平均，最终计算得到综合平均权重；后 2 种计算方式是将多位专家评判矩阵进行集结，计算综合平均判断矩阵，再在这一套判断矩阵的基础上计算各指标权重值。但后 2 种计算方式经常存在各专家判断矩阵在满足一致性的情况下集结后，判断矩阵却不一致的情况，且此时对于判断矩阵一致性的要求没有意义，所以本书使用前 2 种求取权重的计算方法。由于前 2 种计算结果差距不大，因此选用专家结果权重加权算术平均法。评价指标权重结果见表 2.12～2.15。

表 2.12　医院建筑环境综合评价分目标权重结果

编码	具体内容	单权重	总权重
A	医院建筑的医疗服务能力	0.569 6	0.569 6
B	医院建筑的应急能力	0.149 5	0.149 5
C	医院建筑的气候适应性	0.280 9	0.280 9

表 2.13　医院建筑的医疗服务能力评价指标因子权重结果

编码	具体内容	单权重	总权重
A1	总体规划	0.380 6	0.380 6
A11	用地选址	0.096 2	0.036 6
A111	建设场地与人口聚居点的距离	0.038 8	0.001 4
A112	建设场地与垃圾、污水处理站及振动噪声源的距离	0.016 9	0.000 6
A113	周边交通的便利性	0.038 2	0.001 4
A12	规模建设	0.140 4	0.053 4
A121	用地面积	0.023 3	0.001 2
A122	床位规模	0.029 8	0.001 6
A123	服务半径	0.041 7	0.002 2
A124	容积率	0.053 0	0.002 8
A13	绿地系统	0.024 0	0.009 1
A131	院区植物配置	0.009 7	0.000 1
A132	绿化率	0.016 0	0.000 1
A14	交通系统	0.120 0	0.045 7
A141	院区出入口设置个数	0.010 9	0.000 5
A142	人车分流	0.026 2	0.001 2

续表2.13

编码	具体内容	单权重	总权重
A143	洁污分流	0.054 9	0.002 5
A144	地上停车设置	0.021 0	0.001 0
A2	建筑设计	0.438 6	0.438 6
A21	功能布局	0.208 4	0.091 4
A211	功能用房配置	0.065 1	0.006 0
A212	功能分区设置	0.063 8	0.005 8
A213	用房朝向设置	0.029 6	0.002 7
A214	无障碍设计	0.036 0	0.003 3
A22	空间尺度	0.051 9	0.022 8
A221	走廊尺度	0.016 8	0.000 4
A222	功能用房尺度	0.038 0	0.000 9
A23	流线设计	0.156 2	0.068 5
A231	就医流程的便捷性	0.049 1	0.003 4
A232	医患分流	0.026 8	0.001 8
A233	洁污分流	0.084 6	0.005 8
A24	建筑外观	0.025 8	0.011 3
A241	建筑造型	0.019 2	0.000 2
A242	建筑色调	0.009 4	0.000 1
A3	建筑技术	0.180 8	0.180 8
A31	建筑结构	0.047 9	0.008 7
A311	结构的耐久年限	0.011 9	0.000 1
A312	结构的安全等级	0.015 7	0.000 1
A313	结构的抗震烈度	0.009 3	0.000 1
A32	物理环境	0.083 9	0.015 2
A321	室内采光情况	0.027 6	0.000 4
A322	室内湿度控制	0.015 8	0.000 2
A323	室内温度控制	0.042 6	0.000 6
A324	室内声环境控制	0.010 8	0.000 2
A33	设备支持	0.049 0	0.008 9
A331	常备电源设置	0.016 7	0.000 1
A332	医疗卫生上下水设置	0.030 3	0.000 3
A333	医疗垃圾处理	0.020 6	0.000 2

表 2.14　医院建筑的应急能力评价指标因子权重结果

编码	具体内容	单权重	总权重
B1	应急机构	0.361 5	0.361 5
B11	应急指挥部门设置	0.082 6	0.029 9
B111	与当地政府办公地的距离	0.025 9	0.000 8
B112	应急指挥部门的设置	0.077 6	0.002 3
B12	应急相关科室设置	0.278 9	0.100 8
B121	应急科室功能配置	0.152 0	0.015 3
B122	应急科室流线设置	0.106 0	0.010 7
B2	现场救援与医疗救治	0.351 2	0.351 2
B21	现场救援	0.177 7	0.062 4
B211	紧急救援车辆及停放空间	0.056 1	0.003 5
B212	救护人员办公准备空间	0.026 1	0.001 6
B213	救护人员的中途救治操作空间	0.098 4	0.006 1
B22	医疗救治	0.173 5	0.060 9
B221	紧急救治空间设置	0.121 4	0.007 4
B222	紧急救治入口停车广场设置	0.049 2	0.003 0
B3	应急培训与演练	0.174 0	0.174 0
B31	理论学习	0.054 8	0.009 5
B311	培训教室空间配置	0.047 5	0.000 5
B312	培训教室设置的独立性	0.023 0	0.000 2
B32	模拟演练	0.119 2	0.020 7
B321	演练空间配置	0.069 8	0.001 4
B322	演练次数	0.033 8	0.000 3
B4	应急教育与宣传	0.113 3	0.113 3
B41	应急教育	0.069 2	0.007 8
B411	应急教育教室空间的设置	0.052 8	0.000 4
B412	应急教育教室的独立性	0.025 0	0.000 2
B42	应急宣传	0.044 1	0.005 0
B421	室内宣传栏的展览空间	0.018 5	0.000 1
B422	室外宣传栏的展放空间	0.017 0	0.000 1

表 2.15　医院建筑的气候适应性评价指标因子权重结果

编码	具体内容	单权重	总权重
C1	总体规划	0.329 6	0.329 6
C11	用地选址	0.105 1	0.034 6
C111	周边道路可达性	0.039 3	0.001 4
C112	与居民聚居点距离	0.063 9	0.002 2

续表2.15

编码	具体内容	单权重	总权重
C12	规模建设	0.132 7	0.043 7
C121	建筑组合形式	0.034 7	0.001 5
C122	服务半径	0.099 9	0.004 4
C13	绿地系统	0.022 2	0.007 3
C131	室外绿化配置	0.007 6	0.000 1
C132	绿化率	0.014 0	0.000 1
C14	交通系统	0.069 6	0.022 9
C141	院区地面铺装防滑设置	0.028 6	0.000 7
C142	严寒地区车库设置	0.041 6	0.001 0
C2	建筑设计	0.461 1	0.461 1
C21	功能布局	0.389 1	0.179 4
C211	平面布置形式	0.081 2	0.014 6
C212	主要功能用房朝向	0.123 7	0.022 2
C213	门急诊功能用房的开间进深比	0.030 7	0.005 5
C214	病房与其他建筑的日照间距	0.087 1	0.015 6
C215	入口门斗设置	0.023 0	0.004 1
C216	卫生间设置	0.039 9	0.007 2
C22	建筑形体	0.071 9	0.033 2
C221	建筑体形系数	0.041 5	0.001 4
C222	主要功能用房的窗墙比	0.015 5	0.000 5
C223	主要功能用房的窗地比	0.018 5	0.000 6
C3	建筑技术	0.209 3	0.209 3
C31	建筑材料	0.036 0	0.007 5
C311	围护墙体的保温性能	0.015 2	0.000 1
C312	窗的保温性能	0.007 4	0.000 1
C313	屋顶围护结构的保温性能	0.006 5	0.000 1
C32	物理环境	0.106 4	0.022 3
C321	诊室、病房的采光情况	0.032 2	0.000 7
C322	冬季室内温度控制	0.060 6	0.001 3
C323	冬季室内湿度控制	0.022 3	0.000 5
C33	设备支持	0.066 9	0.014 0
C331	采暖、空调设施设置	0.044 6	0.000 6
C332	换气通风装置	0.020 6	0.000 3

分析上述表格可知,对于医院建筑来说,其医疗服务能力远重要于应急能力与气候适应性。在医院建筑的医疗服务能力评价中,建筑设计重要于总体规划,且远重要于建筑技术;然而在医院建筑的气候适应性评价中,虽然三者重要性排序一致,但建筑技术所占比重明显提高。在医院建筑的应急能力评价中,应急机构及现场救援与医疗救治重要性较高,是应急评价中的核心内容,而应急培训与演练及应急教育与宣传重要性较低。

2.3 医院建筑环境综合评价模型

2.3.1 评价标准的确定

随着时代的变迁,我们进入了一个新的时期,在这一时期,医院的医疗保健业务迎来了新的发展阶段,这不仅带来了新的挑战,也对医院建筑提出了新的要求,因此,需要新的标准为医院的建设与改进提供良性的引导。

1. 评价等级

本书将医院建筑环境综合评价的方案评价体系的评价等级分为4级,A、B、C、D各个等级说明及其分值见表2.16。

表2.16 医院建筑环境综合评价等级及其说明

级别	级别说明	分值区间
A	评价为优秀,医院建筑的大部分指标非常满足综合评价的要求,在医疗服务能力、应急能力及气候适应性等方面均较好地满足使用需求	100~85
B	评价为良好,医院建筑的大部分指标比较满足综合评价的要求,在医疗服务能力、应急能力及气候适应性等方面基本满足使用需求	84~70
C	评价为中等,医院建筑的指标基本满足综合评价的一般要求,在医疗服务能力、应急能力及气候适应性等方面表现一般	69~55
D	评价为差,医院建筑的大部分指标无法满足综合评价的一般要求,在医疗服务能力、应急能力及气候适应性等方面表现较差	54~0

2. 评价要素及因子解释

医院建筑环境综合评价指标体系一共有28个要素、76个因子。依据国家对于医院的规范及标准,本书从评价依据、数据来源和评分方法3个方面对每个指标进行解释,详细内容见表2.17~2.19。

表 2.17 医院建筑的医疗服务能力评价因子解释

评价要素	编号	因子内容	评价依据				数据来源
			医院建设标准	医院建筑设计	医院等级评审标准	医院建设指导意见	
用地选址	A111	建设场地与人口聚居点的距离 【定量指标】评分方法:建设场地与人口聚居点的距离为 500～1 000 m 为优;1 000～3 000 m 为良;3 000～5 000 m 为中;5 000～9 000 m 为差	●			●	【调】
	A112	建设场地与垃圾、污水处理站及振动噪声源的距离 【定量指标】评分方法:建筑场地周边 500～1 000 m 无垃圾站点、污水处理站、振动源及噪声源为优;有其中一种为良;有其中两种为中;三种以上为差	●	●			【调】
	A113	周边交通的便利性 【定性指标】评分方法:周边道路非常顺畅为优;较为顺畅为良;一般顺畅为中;较不顺畅为差	●	●			【访】
规模建设	A121	用地面积 【定量指标】评分方法:0～10 床业务用房建筑面积:用地面积<1∶3.5;11～29 床业务用房建筑面积:用地面积<1∶3.0;30 床以上业务用房建筑面积:用地面积<1∶2.5。满足为优,否则差距越大,等级越低	●	●			【调】
	A122	床位规模 【定量指标】评分方法:每千服务人口床位数≥1.2 张为优;0.9≤每千服务人口床位数<1.2 为良;0.6≤每千服务人口床位数<0.9 为中;每千服务人口床位数<0.6 为差	●	●	●		【调】
	A123	服务半径 【定性指标】评分方法:医院的配置能服务全市为优;能服务所在区县及其他部分区县为良;仅能服务本区/县为中;无法服务整个区/县为差	●	●			【访】
	A124	容积率 【定量指标】评分方法:无床医院容积率约为 0.7;1～20 床医院容积率为0.7;21～99 床医院容积率为 0.8～1.0。满足为优,否则差距越大,等级越低	●	●			【调】

续表2.17

评价要素	编号	因子内容	评价依据				数据来源
			医院建设标准	医院建筑设计	医院等级评审标准	医院建设指导意见	
绿地系统	A131	院区植物配置 【定量指标】评分方法:院区植物配置≥5 种为优;院区植物配置 3~4 种为良;院区植物配置 2~3 种为中;院区植物配置≤1 种为差			●		【调】
	A132	绿化率 【定量指标】评分方法:院区绿化率≥35% 为优;院区绿化率 25%~35% 为良;院区绿化率 15%~25% 为中;院区绿化率≤15% 为差	●				【调】
交通系统	A141	院区出入口设置个数 【定量指标】评分方法:医院的出入口不得少于 2 处,较大规模医院宜设 3 处。满足为优,否则差距越大等级越低	●	●			【调】
	A142	人车分流 【定性指标】评分方法:院区设置专门的车行路与人行路,人车分流明确为优;仅设车行路为良;未设车行路与人行路,仅利用广场空间分流为中;未设车行路与人行路且室外空间局促,人车混行、流线混乱为差	●	●	●		【访】
	A143	洁污分流 【定性指标】评分方法:院区洁污分流,有分别的供应口和出口为优;院区洁污分流,共用供应口和出口为良;院区洁污流线有交叉,洁污出入口不明确为中;院区洁污流线交叉严重为差	●	●		●	【调】
	A144	地上停车设置 【定性指标】评分方法:地上停车能够满足院区就诊人员车辆停放、医护工作者等办公人员车辆停放、急救车辆停放、后勤及洁污用车临时停放等。同时满足为优;满足 3 项为良;满足 1~2 项为中;停车面积严重不足,无法满足为差	●	●			【调】

续表2.17

评价要素	编号	因子内容	评价依据				数据来源
			医院建设标准	医院建筑设计	医院等级评审标准	医院建设指导意见	
功能布局	A211	功能用房配置 【定性指标】评分方法:预防保健、医疗业务、管理业务、辅助用房等配置齐全,功能完善为优;其中1项用房有缺失,但不影响整体医疗为良;除医疗用房外,其他用房缺失,影响到正常医疗为中;4项用房均有缺失或医疗业务用房功能不全,严重影响医疗救治为差	●	●			【调】
	A212	功能分区设置 【定性指标】评分方法:预防保健、医疗业务、管理业务、辅助用房几大功能分区均明确为优;除医疗业务外,其中1项内部功能混杂为良;除医疗业务外,其中2~3项内部功能混杂为中;4项内部功能均混杂或仅医疗业务分区混杂为差	●			●	
功能布局	A213	用房朝向设置 【定性指标】评分方法:主要诊室及医院病房朝南向设置为优;二者其一朝南向设置时为良;二者均未朝南向设置时为中;医院房间整体采光较差为差	●	●			【调】
	A214	无障碍设计	●	●	●		【访】
空间尺度	A221	走廊尺度 【定量指标】评分方法:门诊单侧候诊2.1 m,双侧候诊2.7 m,手术室走道2.7 m。满足为优,否则差距越大等级越低	●		●		【调】
	A222	功能用房尺度 【定量指标】评分方法:小诊室3.0 m×4.2 m,大诊室4.2 m×5.5 m。6人病房6.0 m×6.0 m,3人病房3.6 m×6.0 m,辅助用房3.6 m×4.5 m。手术室大间6.0 m×6.0 m,中间4.5 m×6.0 m,小间4.2 m×4.8 m。X光室至少6.0 m×6.0 m。化验室至少4.5 m×6.0 m。以上均满足为优;1~2项不满足为良;3~4项不满足为中;5~6项不满足为差	●		●		【调】

续表2.17

评价要素	编号	因子内容	评价依据 医院建设标准	评价依据 医院建筑设计	评价依据 医院等级评审标准	评价依据 医院建设指导意见	数据来源
流线设计	A231	就医流程的便捷性 【定性指标】评分方法:就医流程基本为挂号—门诊—医技检查—输液/治疗—取药5个环节,各环节均便捷顺畅为优;其中1~2个环节不便捷为良;2~3个环节不便捷为中;3~4个环节不便捷为差	●	●			【访】
	A232	医患分流 【定性指标】评分方法:设有专用的医护工作者出入口及通道为优;仅设有医护工作者通道为良;仅设有医护工作者单独出入口为中;医患合流混杂为差	●	●	●		【访】
	A233	洁污分流 【定性指标】评分方法:设有专用的污物出入口及通道为优;仅设有污物通道为良;仅设有污物出入口为中;洁污合流混杂为差	●	●	●		【访】
建筑外观	A241	建筑造型 【定性指标】评分方法:造型非常美观,非常满足大众审美为优;造型比较美观,比较满足大众审美为良;造型一般美观,一般满足大众审美为中;造型较不美观,无法满足大众审美为差			●		【调】
	A242	建筑色调 【定性指标】评分方法:以偏暖色调为主,满足为优;否则差距越大,等级越低		●	●		【访】
建筑结构	A311	结构的耐久年限 【定量指标】评分方法:医院房屋建筑耐久年限大于5级时为优;3~4级为良;2~3级为中;低于2级为差	●	●			【资】
	A312	结构的安全等级 【定量指标】评分方法:医院建筑结构的安全等级大于5级时为优;3~4级为良;2~3级为中;低于2级为差	●	●			【资】

续表2.17

评价要素	编号	因子内容	评价依据				数据来源
			医院建设标准	医院建筑设计	医院等级评审标准	医院建设指导意见	
建筑结构	A313	结构的抗震烈度 【定量指标】评分方法：医院建筑结构的抗震烈度在该地区抗震烈度的基础上提高3度以上为优；提高2~3度为良；提高1~2度为中；提高1度以下或低于当地抗震烈度为差	●				【资】
物理环境	A321	室内采光情况 【定性指标】评分方法：应尽量满足门诊、病房室内的采光条件；药房及部分医技类用房应设遮阳。满足为优；否则差距越大，等级越低	●	●			【资】
	A322	室内湿度控制 【定性指标】评分方法：舒适性湿度，冬季为30%~60%，夏季为40%~65%。在此范围为优，否则为差		●	●	●	【资】
物理环境	A323	室内温度控制 【定性指标】评分方法：人体在室内感觉最舒适的温度是18~22℃。在此范围为优，否则为差		●	●		【资】
	A324	室内声环境控制 【定性指标】评分方法：以病患主观感受为评价标准，室内非常安静，利于病人恢复为优；比较安静为良；一般安静为中；较为嘈杂为差		●			【调】
设备支持	A331	常备电源设置 【定量指标】评分方法：医院需设置常备电源，设置为优，未设置为差	●	●			【调】
	A332	医疗卫生上下水设置 【定量指标】评分方法：医院需设置医疗卫生上下水，设置为优，未设置为差	●	●			【调】
	A333	医疗垃圾处理 【定量指标】评分方法：医疗垃圾处理包括焚化炉焚化、深埋、专用转运车转运；污水需经消毒处理再排放。满足为优；否则差距越大，等级越低	●		●		【访】

注：表中［访］为访谈；［调］为调研；［资］为资料；●为评价依据来源。

表 2.18　医院建筑的应急能力评价因子解释

评价要素	编号	因子内容	评价依据				数据来源
			医院建设标准	医院建筑设计	医院等级评审标准	医院建设指导意见	
应急指挥部门设置	B111	与当地政府办公地的距离 【定性指标】评分方法：距离非常合理、非常便利为优；距离较为合理、较为便利为良；距离一般合理、一般便利为中；距离较不合理、较不便利为差	●				【访】
	B112	应急指挥部门的设置 【定性指标】评分方法：设置应急指挥部门且用房配置齐全。满足为优；否则差距越大，等级越低	●	●			【调】
应急相关科室设置	B121	应急科室功能配置 【定性指标】评分方法：应急科室业务用房配置齐全，功能搭配健全。满足为优；否则差距越大，等级越低	●	●			【调】
	B122	应急科室流线设置 【定性指标】评分方法：应急流线独立设置，不与其他流线交叉，有单独的出入口，方便到达。满足为优；否则差距越大，等级越低	●	●	●		【调】
现场救援	B211	紧急救援车辆及停放空间 【定性指标】评分方法：应配备符合院区规模的紧急救援车辆，并设置专用停车空间。满足为优；否则差距越大，等级越低	●	●			【调】
	B212	救护人员办公准备空间 【定性指标】评分方法：应配备救护人员办公准备空间，具备专用性、独立性。满足为优；否则差距越大，等级越低		●	●		【调】
	B213	救护人员的中途救治操作空间 【定性指标】评分方法：救援车辆内部应具备足够的中途救治操作空间。满足为优；否则差距越大，等级越低		●	●		【访】

续表2.18

评价要素	编号	因子内容	医院建设标准	医院建筑设计	医院等级评审标准	医院建设指导意见	数据来源
医疗救治	B221	紧急救治空间设置 【定性指标】评分方法：紧急救治空间应设置在首层，拥有独立、明显的出入口，并宜配备专用的检查室、监护室。满足为优；否则差距越大，等级越低	●	●			【访】
	B222	紧急救治入口停车广场设置 【定性指标】评分方法：紧急救治部应有单独的出入口，入口处设置足够车辆停放的广场空间，便于病人的运送。满足为优；否则差距越大，等级越低	●		●		【调】
理论学习	B311	培训教室空间配置 【定性指标】评分方法：医院应配备相应规模的紧急救援培训教室。非常满足培训需求为优，比较满足培训需求为良，一般满足培训需求为中，无法满足培训需求为差	●	●	●		【调】
	B312	培训教室设置的独立性 【定性指标】评分方法：培训教室应具有一定的独立性，适时开展培训教育。满足为优；否则差距越大，等级越低	●		●		【调】
模拟演练	B321	演练空间配置 【定性指标】评分方法：医院应配置相应的救灾演练空间，进行实战演练，提升院区人员救灾素质。非常满足为优，比较满足为良，一般满足为中，无法满足为差	●	●			【访】
	B322	演练次数 【定量指标】评分方法：医院每年进行4~5次不同主题的防灾演练为优；3~4次为良；2~3次为中；1次及以下为差			●		【访】

续表2.18

评价要素	编号	因子内容	评价依据				数据来源
			医院建设标准	医院建筑设计	医院等级评审标准	医院建设指导意见	
应急教育	B411	应急教育教室空间的设置 【定性指标】评分方法:医院应设置相应规模的应急教育教室空间,进行应急教育。非常满足为优,比较满足为良,一般满足为中,无法满足为差				●	【访】
	B412	应急教育教室的独立性 【定性指标】评分方法:应急教育教室应具有一定的独立性,适时开展应急教育。满足为优;否则差距越大,等级越低				●	【访】
应急宣传	B421	室内宣传栏的展览空间 【定性指标】评分方法:医院应配置相应的室内宣传栏的展览空间,如展墙、展板、展厅等。非常满足为优,比较满足为良,一般满足为中,无法满足为差				●	【调】
	B422	室外宣传栏的展放空间 【定性指标】评分方法:医院应配置相应的室外宣传栏的展放空间。非常满足为优,比较满足为良,一般满足为中,无法满足为差				●	【调】

表2.19 医院建筑的气候适应性评价因子解释

评价要素	编号	因子内容	评价依据				数据来源
			医院建设标准	医院建筑设计	医院等级评审标准	医院建设指导意见	
用地选址	C111	周边道路可达性 【定性指标】评分方法:考虑雨雪天气的阻碍,医院周边道路可达性非常强为优;可达性比较强为良;可达性一般强为中;可达性较差为差	●	●	●		【调】
	C112	与居民聚居点距离 【定性指标】评分方法:与居民聚居点较近,居民就医便利。满足为优;否则差距越大,等级越低	●	●			【调】

续表2.19

评价要素	编号	因子内容	评价依据				数据来源
			医院建设标准	医院建筑设计	医院等级评审标准	医院建设指导意见	
规模建设		建筑组合形式	●	●			【调】
	C121	【定性指标】评分方法:医院宜为集中紧凑式布局,建筑组合紧凑、合理为优;组合越松散,等级越低					
		服务半径	●	●			【访】
	C122	【定性指标】评分方法:医院服务半径非常能够满足居民需求为优;比较能够满足居民需求为良;一般能够满足居民需求为中;无法满足居民需求为差					
绿地系统		室外绿化配置		●			【调】
	C131	【定性指标】评分方法:室外绿化物种丰富、配置得当,并考虑不同季节绿化情况。满足为优;否则差距越大,等级越低					
		绿化率		●			【调】
	C132	【定性指标】评分方法:冬季院区绿化率≥30%为优;冬季院区绿化率20%~30%为良;冬季院区绿化率10%~20%为中;院区绿化率≤10%为差					
交通系统		院区地面铺装防滑设置		●	●		【调】
	C141	【定量指标】评分方法:医院院区地面铺装要注意防滑,以应对冬季雨雪天气。防滑覆盖率≥90%为优;70%≤防滑覆盖率<90%为良;50%≤防滑覆盖率<70%为中;防滑覆盖率<50%为差					
		严寒地区车库设置		●	●		【调】
	C142	【定性指标】评分方法:车库需注意防寒,保证严寒天气下的正常启动及车辆保养。满足为优;否则差距越大,等级越低					

续表2.19

评价要素	编号	因子内容	评价依据				数据来源
			医院建设标准	医院建筑设计	医院等级评审标准	医院建设指导意见	
功能布局	C211	平面布置形式 【定性指标】评分方法:医院平面组合形式宜采用厅廊式相结合的布置形式。满足为优;否则差距越大,等级越低	●	●			【调】
	C212	主要功能用房朝向 【定性指标】评分方法:医院诊室与病房宜朝南。满足为优;否则差距越大,等级越低	●	●	●		【调】
	C213	门急诊功能用房的开间进深比 【定量指标】评分方法:门急诊功能用房的开间进深比应≥2/1。满足为优;否则差距越大,等级越低	●	●			【调】
	C214	病房与其他建筑的日照间距 【定量指标】评分方法:病房与其他建筑的日照间距应满足大寒日3 h的日照,同时日照系数≥2.06。满足为优;否则差距越大,等级越低	●		●		【调】
功能布局	C215	入口门斗设置 【定性指标】评分方法:医院入口处应设置门斗,具有防风御寒的作用。满足为优;否则差距越大,等级越低	●	●			【调】
	C216	卫生间设置 【定性指标】评分方法:医院应设置室内卫生间,并保持卫生条件良好,上下水供给顺畅。满足为优;否则差距越大,等级越低	●	●	●	●	【调】

续表2.19

评价要素	编号	因子内容	医院建设标准	医院建筑设计	医院等级评审标准	医院建设指导意见	数据来源
建筑形体设计	C221	建筑体形系数 【定量指标】评分方法:医院建筑体形系数<0.2 为优;0.2≤医院建筑体形系数<0.3 为良;0.3≤医院建筑体形系数≤0.4 为中;医院建筑体形系数>0.4 为差	●	●	●		【资】
	C222	主要功能用房的窗墙比 【定量指标】评分方法:医院向阳面窗墙比宜为 0.4~0.6,背阳面窗墙比宜为 0.2~0.3。满足为优;否则差距越大,等级越低		●			【资】
	C223	主要功能用房的窗地比 【定量指标】评分方法:诊室、检查室、预防保健用房、病房、医护办公室窗地比宜为 1/6,候诊室、配餐室窗地比宜为 1/7,更衣室、浴室、卫生间窗地比宜为 1/12。全满足为优;满足 5 项以上为良;满足 3~5 项为中;小于 3 项为差		●			【资】
建筑材料	C311	围护墙体的保温性能 【定量指标】评分方法:体形系数≤0.3 时,外墙传热系数≤0.45;0.3<体形系数≤0.4 时,外墙传热系数≤0.40。满足为优;否则差距越大,等级越低		●	●		【资】
	C312	窗的保温性能 【定量指标】评分方法:体形系数≤0.3 时,窗的传热系数≤0.35;0.3<体形系数≤0.4 时,窗的传热系数≤0.30。满足为优;否则差距越大等级越低		●	●		【资】
	C313	屋顶围护结构的保温性能 【定量指标】评分方法:体形系数≤0.3 时,屋顶的传热系数≤0.35;0.3<体形系数≤0.4 时,屋顶的传热系数≤0.30。满足为优;否则差距越大,等级越低		●	●		【资】

续表2.19

评价要素	编号	因子内容	评价依据				数据来源
			医院建设标准	医院建筑设计	医院等级评审标准	医院建设指导意见	
物理环境	C321	诊室、病房的采光情况 【定性指标】评分方法:诊室、病房冬季日照需满足大寒日3 h采光。满足为优;否则差距越大,等级越低	●	●		●	【访】
	C322	冬季室内温度控制 【定性指标】评分方法:冬季室内温度控制得非常好,舒适度非常高为优;冬季室内温度控制得比较好,舒适度比较高为良;冬季室内温度控制得一般,舒适度一般为中;冬季室内温度控制得较差,舒适度较低为差	●	●			【调】
	C323	冬季室内湿度控制 【定性指标】评分方法:冬季室内湿度控制得非常好,舒适度非常高为优;冬季室内湿度控制得比较好,舒适度比较高为良;冬季室内湿度控制得一般,舒适度一般为中;冬季室内湿度控制得较差,舒适度较低为差	●	●			【调】
设备支持	C331	采暖、空调设施设置 【定性指标】评分方法:医院需设置必要的采暖、空调设施,以满足冬季使用需求。满足为优;否则差距越大,等级越低	●	●			【访】
	C332	换气通风装置 【定性指标】评分方法:医院冬季室内通风差,需设置必要的换气通风装置。满足为优;否则差距越大,等级越低	●	●	●		【访】

注:表中【访】为访谈;【调】为调研;【资】为资料;●为评价依据来源。

以上,对各因子的评分方法、评价依据及数据来源进行了详细的阐述。评价依据主要参考《综合医院建设标准(建标110—2021)》、《现代医院建筑设计》一书(作者 罗运湖)、《医院分级管理标准》及《医疗机构设置规划指导原则(2021—2025年)》等。其中,部分指标可以量化,评分等级较为清晰,客观性较强;另外一部分定性指标采取了非常好、比较好、一般、较差4个等级进行打分,主观性较强。

2.3.2 评价模型的建立

1. 评价方法选择

要使评价良好、客观,就要选择科学的评价方法。医院建筑环境综合评价的因子数量大且层次多,既有定量因子,又有定性因子,因此很难进行精准化评价。模糊综合评价法能够很好地平衡定性评价与定量评价,且难度较低,比较适合本书的医院建筑环境综合评价。

2. 评价模型建立过程

评价模型的建立过程包括建立因子集、建立权重集、建立评语集、建立评判矩阵、计算模糊综合评判集、计算综合评判分值等步骤(表2.20)。

表2.20 模糊综合评价模型建立过程

步骤名称	具体操作	公式
建立因子集	将因子进行罗列,成立集合 Z	$Z = \begin{bmatrix} Z_1 & Z_2 & Z_3 & \cdots & Z_i \end{bmatrix}$
建立权重集	将因子的权重值进行罗列,共76项因子,组成权重集 M	$M = \begin{bmatrix} M_1 & M_2 & M_3 & \cdots & M_i \end{bmatrix}$ $M_i > 0, \sum_{i=1}^{62} M_i = 1$
建立评语集	设立优、良、中、差4个等级,构成评语集 W	$W = \begin{bmatrix} W_1 & W_2 & W_3 & \cdots & W_i \end{bmatrix}$
建立评判矩阵	建立因子在评价等级上的对应关系矩阵 R,R_{ij} 表示第 i 行对应因子集合中的第 i 个因子,在第 j 个评语上的隶属程度	$R = \begin{bmatrix} r_{1,1} & r_{1,2} & r_{1,3} & r_{1,4} \\ r_{2,1} & r_{2,2} & r_{2,3} & r_{2,4} \\ \vdots & \vdots & \vdots & \vdots \\ r_{76,1} & r_{76,2} & r_{76,3} & r_{76,4} \end{bmatrix}$
计算模糊综合评判集	本评价采用(x,+)的方式,得出模糊综合评价集 P,根据计算得出的评价集 $P = \{P_1, P_2, P_3, P_4\}$,按照最大隶属度进行判定	$P = M \times R$ $= \begin{bmatrix} M_1 & M_2 & \cdots & M_i \end{bmatrix} \times \begin{bmatrix} r_{1,1} & r_{1,2} & r_{1,3} & r_{1,4} \\ r_{2,1} & r_{2,2} & r_{2,3} & r_{2,4} \\ \vdots & \vdots & \vdots & \vdots \\ r_{76,1} & r_{76,2} & r_{76,3} & r_{76,4} \end{bmatrix}$ $= \begin{bmatrix} P_1 & P_2 & P_3 & P_4 \end{bmatrix}$
计算综合评判分值	评价中取优 $M_1 = 100$,良 $M_2 = 80$,中 $M_3 = 60$,差 $M_4 = 0$	$E = \begin{bmatrix} 100 & 80 & 60 & 0 \end{bmatrix}^T$ 得分 $Z = P \times E$

2.3.3 评价模型的应用

1. 评价模型建立过程

为保证评价过程切实可行,本书选取重点调研的榆树镇卫生院(图2.4)进行案例评价分析。

(a) 卫生院整体　　　　　(b) 卫生院入口　　　　　(c) 卫生院停车

图 2.4　榆树镇卫生院

榆树镇卫生院位于黑龙江省哈尔滨市道里区榆树镇。榆树镇区域面积为 55 km^2,乡镇内部有 1 条主街道,共含有 6 个行政村,截至 2018 年,拥有户籍总人口 20 860 人,男女比例接近 1∶1。榆树镇卫生院总建筑面积约为 2 750 m^2,平面图如图 2.5 所示。榆树镇卫生院基本情况见表 2.21。榆树镇卫生院各科室分类及数量见表 2.22。

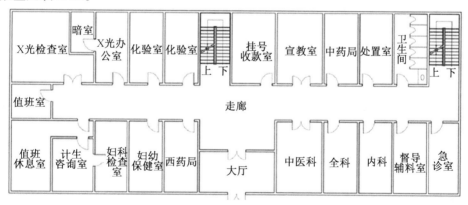

(a) 榆树镇卫生院一层平面图

图 2.5　榆树镇卫生院平面图

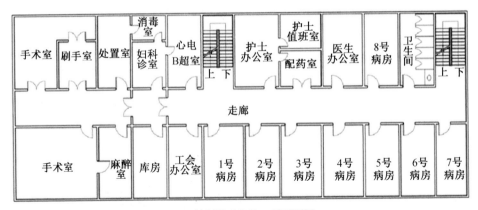

(b) 榆树镇卫生院二层平面图

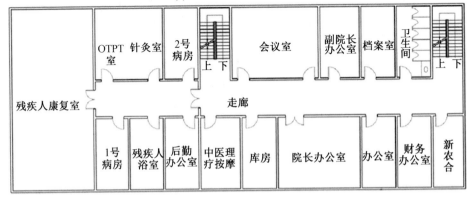

(c) 榆树镇卫生院三层平面图

续图 2.5

表 2.21 榆树镇卫生院基本情况

总建筑面积	2 750 m²	医疗卫生设施床位数	28 个	年诊疗总人次	7 423 人
年业务收入	324.27 元	年业务支出	264 元	当地财政卫生拨款	1 047.66 万元
万元以上设备数	7 台	西药种类数	226 种	中成药种类数	281 种
中草药种类数	341 种	抗菌药种类数	200 种	卫生技术人员总数	28 人
医生总数	14 人	护理人员数	5 人	医技人员总数	5 人
管理人员总数	2 人	服务半径	7 200 m²		

数据来源:作者 2017 年实地调查。

表 2.22　榆树镇卫生院各科室分类

全科诊室	√	内科	√	外科	√
五官科		口腔科		皮肤科	
传染病科		正骨科		理疗科	√
中医诊室	√	康复治疗室		抢救室	√
预检分诊室		妇女保健科	√	儿童保健科	√
生殖保健科		健康教育科		信息资料科	
妇科	√	产科	√	儿科	
急诊科		病房	√	其他科室	

数据来源:作者 2017 年实地调查。

2. 模糊综合评价的过程及结果分析

评价运用 AHP 与模糊综合评价相结合的方式,评价过程借助 yaahp 软件平台展开。运用层次分析法对评价要素及因子的权重进行计算与排序,进而运用权重模型生成模糊综合评价测评表,将每项因子的评价分为 4 个等级,分别为优、良、中、差。优为 100 分,良为 80 分,中为 60 分,差为 0 分。按照 2.3.1 中所述的评分方法进行评分。将测评表分发给熟悉榆树镇卫生院建筑总体情况的医疗专家进行测评,回收问卷并统计结果,在 yaahp 中可直接计算出榆树镇卫生院在医疗服务能力、应急能力、气候适应性方面的得分。同时,通过权重相加计算可以得出榆树镇卫生院建筑环境综合评价的得分。本次共回收测评问卷 20 份,经筛选后有效问卷为 17 份,录入 yaahp 得出得分模型(图 2.6)。

经计算,榆树镇卫生院医疗服务能力得分为 85.532 5;应急能力得分为 67.682 4;气候适应性得分为 85.873 5;之前计算得出三者权重分别为 0.569 6、0.149 5、0.280 9,因此三者得分与权重相乘最后相加得出榆树镇卫生院最终综合评价得分 Z 为 82.96,70<Z<84,因此级别为良,即大部分指标满足了医院建筑环境综合评价的要求,但仍可以从得分中看出其在应急能力方面存在明显缺陷,说明其建筑设计对于突发公共卫生事件的考虑比较欠缺,因此再进行改扩建时,需对其进行重点考虑。

本书确立了医院建筑环境综合评价的评价标准、评价模型,并进行了评价应用。首先,在评价标准的确立上,制定了优、良、中、差 4 个等级,从优至差表明对医院满意度的递减。其次,本书根据评价对象的属性选用模糊综合评价法进行评价模型的构建,在确立了医院建筑的评价因子指标集合、因子对应的权重值集合及评语集合的基础上,借助 yaahp 软件进行评判矩阵构建、隶属度判定及最终得分结果计算。最后,本书对重点调研的乡镇医院——榆树镇卫生院的建筑进行模糊综合评价,得出评分结果,并根据评分集合分析其在医疗服务能力、应急能力、气候适应

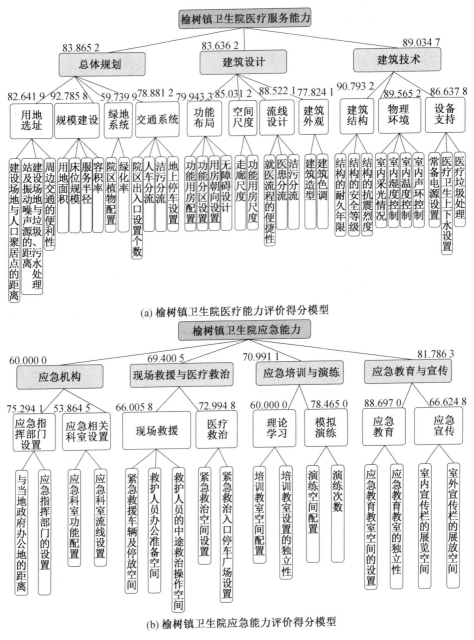

图 2.6　榆树镇卫生院得分模型

注：图中数字为榆树镇卫生院各项得分。

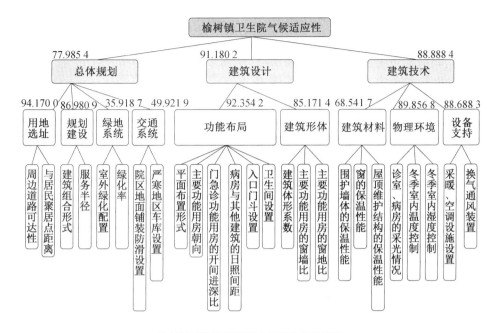

(c) 榆树镇卫生院气候适应性评价得分模型

续图 2.6

性各方面的得分情况,总结得出其建筑设计的薄弱环节。根据评价指标的细节,可为其改建或新建提供合理、准确的建议。

2.4 本章小结

本章为医院建筑环境综合评价研究,以建筑学的视角对医院建筑展开综合评价。结合社会发展背景,在实地调查研究的基础上,全面论述了医院建筑环境综合评价的理论依据、评价内涵、评价体系的建立及最终评价等方面,其中涉及对层次分析法、模糊综合评价法等评价方法的综合运用,在计算过程中运用了算术平均值、标准差、变异系数、模糊隶属度函数、矩阵判断、一致性检验函数等数理知识,并借助 yaahp 软件完成最终评价。本书医院建筑环境综合评价体系的建立,旨在一方面通过对现有医院进行评价,发现其问题所在,为现有医院改造提供指导;另一方面通过对将建医院进行多方案评价对比,寻找最优方案,为将来的医院的发展建设提供参考。因此,该建筑环境综合评价体系的建立为医院的更新建设提供了理论指导及应用参考。具体研究成果如下。

(1) 通过对医院相关基础资料的研究,结合基层医疗发展趋势及自身特点,提炼了医院建筑环境综合评价的评价内涵,即医院建筑的医疗服务能力、医院建筑的应急能力及医院建筑的气候适应性。

（2）通过对医院建筑在总体规划、建筑设计、建筑技术等方面现状的调研及分析总结，以前期资料研究为依托，建立医院建筑环境综合评价指标体系，该评价体系共有76项指标因子，其中医院建筑的医疗服务能力评价中总结提炼了11项评价要素及34项因子；医院建筑的应急能力评价中总结提炼了8项评价要素及17项因子；医院建筑的气候适应性评价中总结提炼了9项要素及25项因子。通过设立指标重要程度问卷对初选指标进行筛选，得出最终综合评价指标体系，并运用层次分析法确立指标权重。

（3）结合现有的国家及地方规范、评价标准、实地调研数据等，确立各指标因子的评分标准，并根据评价对象的特征，选用模糊综合评价法建立综合评价模型，借助yaahp软件计算最终评价得分。运用调研实例进行评价分析，得出评价结果，并通过对各指标因子进行测评，分析其建筑设计存在的薄弱环节，为下一步的更新建设提供准确有效的建议。同时，还可对将建建筑进行多方案比较，得出最优方案，为将来的建设提供参考，具有较强的理论意义及实践意义。

评价因子指标体系是整个评价研究的核心，需随着时间的推移不断验证、反复修改，才能更加科学、客观。由于时间、精力等多方面因素的限制，本书的评价体系仍需在后续的研究中不断更新改进，以获得更为科学、权威的评价指导意义。

第 3 章 医院环境疗愈因子体系构建

3.1 医院物理环境因子的提取

3.1.1 环境照度

1. 生理指标

在心率恢复率 R_{Hr} 方面,方差分析结果表明:不同条件下的患者,R_{Hr} 具有显著差异性($F=3.289$,$Sig=0.026$)。其中,成对比较检验结果(表3.1)显示:在 500 lx 环境照度下,患者的 R_{Hr} 显著高于 50 lx($Sig=0.031$)与 200 lx($Sig=0.009$)环境照度下患者的生理应激恢复水平。

而在患者皮肤导电性方面,随着室内环境照度升高,患者的皮肤导电性恢复率 R_{Scl} 呈现明显的线性下降趋势。尽管方差分析结果显示,环境照度对于患者皮肤导电性恢复率的总体影响不显著($F=1.413$,$Sig=0.246$),但成对比较结果表明(表3.1),在最低环境照度(50 lx)与最高环境照度(500 lx)条件下,患者的 R_{Scl} 存在显著差异性($Sig=0.048$),而患者在较低环境照度(100 lx)与高环境照度下的皮肤导电性恢复率 R_{Scl} 差异性也达到了边缘显著水平($Sig=0.096$)。

综上所述,在中间偏低环境照度条件下(100 lx),患者生理应激恢复水平较高,高环境照度(500 lx)最不利于患者生理应激恢复。而在 250 lx 环境照度下,患者的生理应激恢复水平为 100~500 lx,两者并不存在显著差异性($Sig>0.05$)。

表3.1 患者生理应激恢复水平的成对比较检验结果

环境照度/lx	心率恢复率 R_{Hr}			皮肤导电性恢复率 R_{Scl}		
	平均差	标准误差	显著性	平均差	标准误差	显著性
50~100	−0.023	0.039	0.560	0.005	0.049	0.920
50~250	0.055	0.032	0.106	0.036	0.052	0.483
50~500	0.078	0.034	0.031	0.086	0.046	0.048
100~250	0.073	0.041	0.075	0.031	0.054	0.568
100~500	0.101	0.035	0.009	0.081	0.047	0.096
250~500	0.023	0.036	0.533	0.050	0.036	0.176

2. 心理指标

单因素方差分析结果显示(表3.2):在不同环境照度下,患者焦虑感的均值差异性显著($F=5.497$, $Sig=0.006$)。患者在低环境照度中产生更多的焦虑情绪,成对比较分析结果显示:在50 lx 环境照度下,患者的主观焦虑感显著高于其他3种条件($Sig<0.05$)。而患者在250 lx 环境照度下的主观焦虑水平最低,且与患者在100 lx 环境照度下产生焦虑感的差异达到边缘显著性水平。

表3.2 患者心理应激恢复水平的成对比较检验结果

环境照度/lx	主观焦虑水平		情绪效价水平		情绪唤醒水平	
	平均差	显著性	平均差	显著性	平均差	显著性
50~100	1.375	0.011	-0.667	0.040	0.208	0.455
50~250	2.292	0.000	-0.792	0.007	-0.375	0.056
50~500	2.083	0.003	-0.438	0.048	0.500	0.105
100~250	0.917	0.078	-0.125	0.556	-0.583	0.072
100~500	0.708	0.283	0.229	0.435	-0.708	0.016
250~500	-0.208	0.580	0.354	0.125	-0.125	0.643

在患者情绪维度方面,调查结果显示:室内环境照度能够显著影响患者的情绪效价($F=3.768$, $Sig=0.014$)及情绪唤醒水平($F=2.946$, $Sig=0.039$)。按照患者情绪效价从高到低排列:250 lx、100 lx、500 lx、50 lx。其中,在低环境照度下(50 lx),患者产生更多的负面情绪($Sig<0.05$),而在其他3个条件下,患者的情绪效价并未达到显著差异性水平。另外,患者在500 lx 环境照度下的主观情绪唤醒水平最高,且显著高于100 lx 环境照度下的结果。若将患者的情绪效价与唤醒值投射到同一坐标轴上,则能够发现:患者不同照度环境下产生的情绪维度存在较大差别,在50 lx 环境照度中,患者倾向于产生"消极—中性"维度的情绪,而患者在100 lx 环境照度下的情绪则逐渐趋向于"积极—镇定"。随着环境照度进一步增加,在250 lx 环境照度下,患者产生的情绪偏向于"积极—兴奋"维度,但当环境照度达到500 lx 时,患者的情绪再次趋向"消极—兴奋"(图3.1)。

3. 环境评价

按照患者对于所在环境疗愈性评分从高到低排列,250 lx 环境照度>100 lx 环境照度>500 lx 环境照度>50 lx 环境照度。重复测量单因素方差分析结果显示:环境照度对于环境疗愈性的影响不显著($F=1.656$, $Sig=0.183$),且在4种环境照度条件下,患者对于所在环境疗愈性评分也没有显著差异性。

室内环境照度能够对于患者的环境认知产生重要影响。随着环境照度提高,患者不仅对于环境明亮感的评分逐渐增加,对于秩序感、尺度感、围合感评价的得

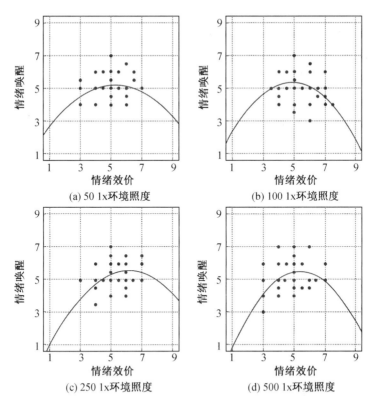

图 3.1 患者的情绪维度

注:图中圆点代表在不同环境照度情况下,情绪效价水平所对应的情绪唤醒评分情况。

分趋势也较为一致。患者倾向于认为照度较高的室内环境更加有序、宽敞与开放。

其中,环境照度对于环境尺度感的影响水平更高。总体来说,患者倾向于使用"安全的""有趣的"等更加正面的语义来描述较高环境照度(250~500 lx),对于这一范围环境照度的总体评价(满意度、偏好度)分数也更高。但在部分联想知觉的指标上,患者更加偏好中等环境照度(100~250 lx),认为中等环境照度是更加"舒适的"与"亲切的"(图3.2)。

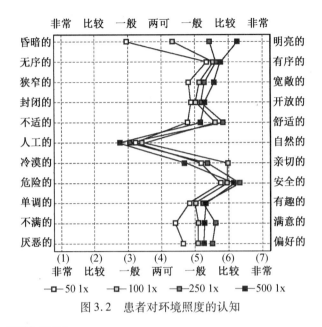

图 3.2 患者对环境照度的认知

3.1.2 环境色温

1. 生理指标

在 2 500 K、3 500 K、4 500 K、5 500 K 4 种环境色温下,患者的心率恢复率 R_{Hr} 分别为:0.637(SD = 0.131)、0.663(SD = 0.128)、0.653(SD = 0.103)、0.632(SD = 0.082);患者的皮肤导电性恢复率 R_{Scl} 分别为:0.728(SD = 0.119)、0.686(SD = 0.115)、0.708(SD = 0.121)、0.699(SD = 0.113)。2 500 ~ 3 500 K 环境色温比较有利于患者生理应激恢复,但重复测量的单因素方差分析结果表明:室内环境色温对于患者的 R_{Hr}($F = 0.398$,Sig = 0.755)及 R_{Scl}($F = 0.742$,Sig = 0.531)的影响不显著。同时,成对比较分析也并未发现 4 种环境色温条件下患者生理应激恢复指标存在任何显著差异性(表 3.3)。

表 3.3 患者生理应激恢复水平的成对比较检验结果

环境色温/K	心率恢复率 R_{Hr}			皮肤导电性恢复率 R_{Scl}		
	平均差	标准误差	显著性	平均差	标准误差	显著性
2 500 ~ 3 500	−0.026	0.039	0.510	0.042	0.035	0.246
2 500 ~ 4 500	−0.016	0.032	0.636	0.020	0.031	0.518
2 500 ~ 5 500	0.005	0.034	0.881	0.039	0.030	0.204
3 500 ~ 4 500	0.010	0.041	0.757	−0.022	0.033	0.523
3 500 ~ 5 500	0.031	0.035	0.320	−0.003	0.047	0.915
4 500 ~ 5 500	0.021	0.036	0.421	0.018	0.030	0.552

2. 心理指标

方差分析的结果显示,室内环境色温对于患者主观焦虑($F=1.556$,Sig = 0.230)、情绪效价($F=2.070$,Sig = 0.112)及情绪唤醒水平($F=1.822$,Sig = 0.125)的影响均不显著(表 3.4)。成对比较分析显示:相较于其他 3 种条件,患者在 5 500 K 环境色温下的焦虑与情绪唤醒水平较高,并且产生更多的负面情绪。其中,在 3 500 K 与 5 500 K 环境色温下,患者情绪效价的差异性达到显著性水平(Sig = 0.013)。这表明高环境色温可能并不利于患者心理应激恢复。情绪维度模型(图 3.3)显示:在中间环境色温(3 500 ~ 4 500 K)下,患者倾向于产生"积极—中性"维度情绪。而当环境色温进一步提高时,患者的情绪维度逐渐趋向于"消极—兴奋"。

表 3.4 患者心理应激恢复水平的成对比较检验结果

环境色温/K	主观焦虑水平		情绪效价水平		情绪唤醒水平	
	平均差	显著性	平均差	显著性	平均差	显著性
2 500 ~ 3 500	−0.417	0.187	−0.396	0.224	−0.208	0.452
2 500 ~ 4 500	−0.167	0.714	−0.167	0.618	−0.167	0.604
2 500 ~ 5 500	−0.833	0.118	0.375	0.315	−0.646	0.028
3 500 ~ 4 500	0.250	0.661	0.229	0.423	0.042	0.871
3 500 ~ 5 500	−0.417	0.470	0.771	0.013	−0.438	0.083
4 500 ~ 5 500	−0.667	0.065	0.524	0.112	−0.479	0.119

3. 环境评价

患者对环境色温的认知如图 3.4 所示,在中间环境色温下(3 500 ~ 4 500 K),患者对环境色温的认知略高于低环境色温与高环境色温。但是方差分析结果显示:这一差异性未达到显著性水平($F=1.250$,Sig = 0.298)。另外,不同环境色温条件下,患者对于所在环境的认知评价差异性不大。其中,在环境感知的评价方面

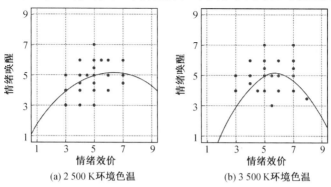

图 3.3 患者的情绪维度

注:图中圆点代表在不同环境色温情况下,情绪效价水平所对应的情绪唤醒评分情况。

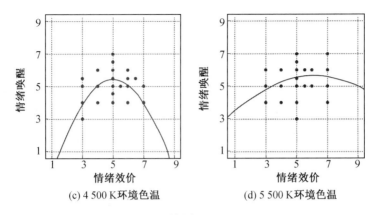

(c) 4 500 K 环境色温　　(d) 5 500 K 环境色温

续图 3.3

(明暗感、秩序感、尺度感、围合感),偏高环境色温(4 500~5 500 K)得分更高。患者认为高环境色温是更加"明亮的""有序的"。在联想知觉方面,患者则更倾向于使用"亲切的"与"舒适的"的语义来描述偏低环境色温(2 500~3 500 K)。

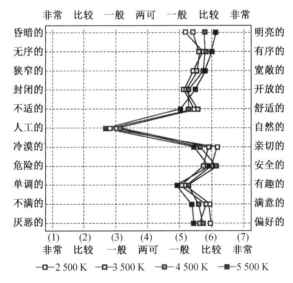

图 3.4　患者对环境色温的认知

3.1.3　声源类型

1. 生理指标

在背景声、机械声、人为声、音乐声环境下,患者皮肤导电性恢复率 R_{Scl} 分别为 0.680(SD=0.091)、0.663(SD=0.078)、0.652(SD=0.091)、0.725(SD=0.143)。方差分析显示:不同的室内环境声源类型下,患者 R_{Scl} 有显著差异性($F=3.367$,

Sig=0.022）。患者生理应激恢复水平的成对比较检验结果见表3.5，在音乐声环境下，患者的R_{Scl}指标显著优于人为声（Sig=0.030）及机械声（Sig=0.028），表明音乐声是患者R_{Scl}差异性的主要原因。而在其他3种条件下，患者R_{Scl}无显著差异性。在患者心率恢复率R_{Hr}方面，重复测量方差分析结果显示：室内声源类型对于患者R_{Hr}影响不显著（$F=1.350,Sig=0.263$）。与背景声相比，患者在机械声、人为声、音乐声环境下的R_{Hr}无显著差异性。

表3.5　患者生理应激恢复水平的成对比较检验结果

声源类型	心率恢复率 R_{Hr}			皮肤导电性恢复率 R_{Scl}		
	平均差	标准误差	显著性	平均差	标准误差	显著性
背景声-机械声	0.016	0.023	0.478	0.017	0.020	0.402
背景声-人为声	0.025	0.022	0.274	0.027	0.023	0.238
背景声-音乐声	-0.023	0.028	0.423	-0.045	0.024	0.073
机械声-人为声	0.008	0.022	0.700	0.011	0.020	0.588
机械声-音乐声	-0.039	0.029	0.189	-0.061	0.027	0.028
人为声-音乐声	-0.048	0.028	0.099	-0.072	0.032	0.030

2. 心理指标

在背景声、机械声、人为声及音乐声环境中，患者的主观焦虑水平分别为：9.375（SD=1.809）、9.125（SD=1.561）、10.343（SD=1.537）、7.813（SD=2.177）。方差分析显示：在不同声源类型的室内环境中，患者的主观焦虑水平存在显著的差异性（$F=10.948,Sig=0.000$）。其中，在音乐声条件下，患者的主观焦虑水平显著低于其他3种噪声环境。而成对比较检验结果表明（表3.6）：患者在人为声环境下产生的焦虑感显著高于背景声（Sig=0.027）及机械声（Sig=0.009），说明人为噪声是最不利于患者心理应激恢复的声源类型。

表3.6　患者心理应激恢复水平的成对比较检验结果

声源类型	主观焦虑水平		情绪效价水平		情绪唤醒水平	
	平均差	显著性	平均差	显著性	平均差	显著性
背景声-机械声	0.250	0.530	0.328	0.205	-0.188	0.433
背景声-人为声	-0.969	0.027	0.531	0.039	-0.391	0.059
背景声-音乐声	1.563	0.005	-0.781	0.003	-0.234	0.346
机械声-人为声	-1.219	0.009	0.203	0.428	-0.203	0.263
机械声-音乐声	1.313	0.004	-1.109	0.001	-0.047	0.849
人为声-音乐声	2.531	0.000	-1.313	0.000	0.156	0.432

患者的情绪维度如图3.5所示，患者在各声源类型下产生的情绪效价与情绪

唤醒水平分别为：背景声(5.094,5.172)、机械声(4.766,5.359)、人为声(4.563,5.563)、音乐声(5.876,5.406)。在音乐声环境下,患者的情绪趋向于"积极—兴奋"维度,而在机械声与人为声环境下,患者的情绪趋向于"消极—兴奋"维度。按照情绪效价从高到低排列,音乐声>背景声>机械声>人为声。方差分析显示:室内声源类型对于患者的情绪效价影响显著($F=7.097$,Sig=0.001)。另外,各类声源类型下,患者的情绪唤醒水平并无显著差异性($F=1.084$,Sig=0.360)。

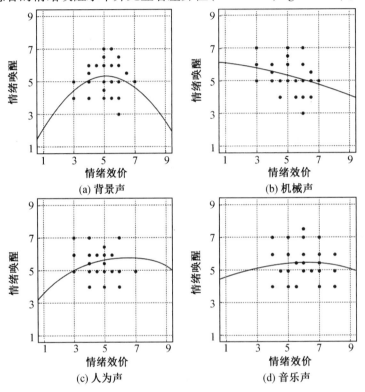

图3.5　患者的情绪维度

注:图中圆点代表在不同主导声源情况下,情绪效价水平所对应的情绪唤醒评分情况。

3. 环境评价

在声源类型对于环境疗愈性的影响方面,方差分析显示:患者对于各声源类型的疗愈性评分具有显著差异性($F=67.126$,Sig=0.000)。按照环境疗愈性评分,音乐声($M=38.781$)>人为声($M=31.656$)>背景声($M=30.688$)>机械声($M=29.094$)。音乐声的疗愈性评分显著高于其他3种声源类型。而在这3种噪声类型中,人为声的疗愈性评分相对较高,且显著高于机械声($M=2.562$,Sig=0.004)。尤其是在环境"丰富度"的评分方面,人为声的评分高于背景声与机械声。

调查结果显示:室内声源类型能够影响患者对所在环境的认知。总体而言,患者对于音乐声环境的评价更积极。在音乐声环境下,患者倾向于使用"有序的"与"舒适的"来描述环境感知与联想知觉,并且环境评价(满意感与偏好感)优于其他3种条件。另外,声源类型在影响患者对环境的评价、联想知觉的同时,还会对视觉感知产生一定程度的影响。例如,在机械噪声下,患者认为所在环境是更加"封闭的",而在人为噪声下,患者更倾向于使用"狭窄的"来形容所在空间尺度感(图3.6)。

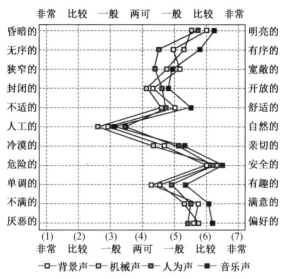

图 3.6　患者对声源的环境认知

3.1.4　声压级

1. 生理指标

患者生理应激恢复水平的成对比较检验结果见表3.7,在40 dB、50 dB、60 dB、70 dB 声压级环境中,患者心率恢复率 R_{Hr} 分别为 0.684(SD=0.101)、0.660(SD=0.113)、0.649(SD=0.081)、0.619(SD=0.120)。总体上,随着室内环境声压级增加,患者心率恢复水平逐渐降低。但方差分析结果表明,各室内声压级水平下,患者 R_{Hr} 没有显著差异性($F=2.093$,$Sig=0.106$),表明声压级对于 R_{Hr} 及 R_{Scl} 的影响能力有限。此外,声压级对于患者皮肤导电性恢复率 R_{Scl} 的影响仅达到边缘显著性水平($F=2.408$,$Sig=0.086$)。患者在 50 dB 声压级环境下的 R_{Scl} 水平较高($M=0.685$,$SD=0.076$),且显著高于高声压级条件下的 R_{Scl}($Sig=0.012$)。而在中低声压级(40~50 dB)环境下,患者生理应激恢复水平相对较高。

表 3.7　患者生理应激恢复水平的成对比较检验结果

声压级/dB	心率恢复率 R_{Hr}			皮肤导电性恢复率 R_{Scl}		
	平均差	标准误差	显著性	平均差	标准误差	显著性
40～50	0.024	0.025	0.353	−0.006	0.028	0.842
40～60	0.034	0.023	0.147	0.022	0.026	0.403
40～70	0.065	0.026	0.017	0.031	0.027	0.252
50～60	0.011	0.027	0.695	0.028	0.020	0.184
50～70	0.041	0.030	0.147	0.037	0.014	0.012
60～70	0.030	0.026	0.246	0.009	0.018	0.621

2. 心理指标

患者心理应激恢复水平的成对比较检验结果见表3.8，室内声压级并没有对于患者主观焦虑水平造成显著影响（$F=0.911$，$Sig=0.439$）。在 40 dB、50 dB、60 dB、70 dB 声压级的室内环境中，患者产生的情绪效价分别为 5.132（SD=0.890）、5.191（SD=0.954）、4.882（SD=0.896）、4.764（SD=0.947），情绪唤醒水平为5.029（SD=0.995）、5.235（SD=1.046）、5.426（SD=0.789）、5.720（SD=1.060）。方差分析显示：环境声压级对于情绪效价影响不显著（$F=1.794$，$Sig=0.153$），而对于情绪唤醒影响显著（$F=2.957$，$Sig=0.036$）。患者的情绪维度如图3.7所示，在70 dB声压级环境中，患者产生的情绪趋向于"消极—兴奋"维度，而在低声压级（40～50 dB）环境中，患者的情绪趋向于"中性—镇定"维度。其中，在50 dB与70 dB声压级环境下，患者的情绪效价与情绪唤醒差异均达到边缘显著性水平。

表 3.8　患者心理应激恢复水平的成对比较检验结果

声压级/dB	主观焦虑水平		情绪效价水平		情绪唤醒水平	
	平均差	显著性	平均差	显著性	平均差	显著性
40～50	0.294	0.469	−0.059	0.807	−0.206	0.414
40～60	−0.235	0.513	0.250	0.241	−0.397	0.125
40～70	−0.353	0.429	0.368	0.131	−0.691	0.011
50～60	−0.529	0.269	0.309	0.116	−0.191	0.423
50～70	−0.647	0.171	0.426	0.058	−0.485	0.091
60～70	−0.118	0.769	0.118	0.547	−0.294	0.149

3. 环境评价

在环境疗愈性评分方面，方差分析结果表明，室内环境声压级的影响有限（$F=$

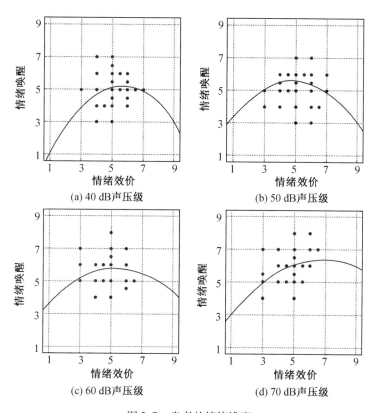

图 3.7 患者的情绪维度

注：图中圆点代表在不同声压级情况下，情绪效价水平所对应的情绪唤醒评分情况。

1.616，Sig=0.190），调查结果显示：在 50 dB 声压级环境下，患者对所在环境疗愈性的评分最高（M=30.853，SD=2.032），但与 40 dB 及 60 dB 的环境疗愈评分没有显著差异性，而与高声压级（70 dB）环境疗愈性评分的差异性达到边缘显著性水平（Sig=0.074）。

患者对声环境的认知差异如图 3.8 所示。在不同声压级的室内环境下，患者的舒适感与安全感存在较大差异。随着室内声压级升高，环境舒适感与安全感评分逐渐降低。在 70 dB 声压级的室内环境中，患者对于舒适感的评价趋向于负面，更倾向于使用"不适的"的语义来描述所在环境，患者的满意度与偏好度也明显下降。而患者对于 40～50 dB 声压级环境的满意度与偏好度的差异较小。

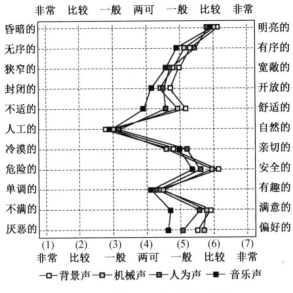

图 3.8 患者对声环境的认知差异

3.2 医院空间环境因子的提取

3.2.1 空间构成

空间围透度能够对患者的应激恢复性产生重要影响。研究表明,与有窗环境(窗墙比 0.30~0.90)相比,在完全封闭的无窗环境中,患者的皮肤导电性恢复率降低 5.22%,焦虑感提高 8.84%。空间围透度对于应激恢复的影响一方面来自人类对于封闭空间的天然恐惧感。另一方面,在医院环境中,窗户对于患者来说具有多重意义,窗户不仅能够为患者提供外部视野与自然光线,还能让住院患者与外界重新产生联系,减少住院带来的隔离感。

随着室内窗墙比增加,患者的应激恢复性呈现总体上升趋势。但是,空间围透度对于患者应激恢复的影响并非简单的线性关系。这可能是由于垂直方向增加的窗户面积一定程度上引发了患者的不安全感。在瞭望-庇护理论(prospect-refuge theory)中,Appleton 提出,人类对于环境的天然偏好与反馈机制部分来自进化过程中人类作为猎人与猎物的双重身份记忆。人类既需要良好的视野来进行瞭望,也偏好有一定庇护感的环境要素。过低的空间围合度会让环境"庇护感"下降,间接降低了环境的心理应激恢复效果。此次环境评价的调查结果也表明:相较于 0.60 窗墙比的环境,患者更多使用"不安"等负面语义来描述 0.90 窗墙比的室内环境。另一种对于实验结果的解释是,水平方向的长窗更加有利于患者的应激恢复。水平方向的长窗能够为使用者提供更加开阔通畅的视野,大量既有研究已经证明了使用者对于水平长窗的偏好。

研究结果表明,当室内窗墙比达到 0.60 时,患者的综合心理应激恢复水平更高,主观焦虑水平最低,并产生更多的积极情绪。这一结果与部分相关文献结论近似。例如,徐虹通过实验室研究发现,在窗墙比为 0.60 的室内环境中,使用者产生更加轻松积极的主观情绪(POMS 量表)。陈菲菲的研究也发现,当室内窗墙比达到 0.55 时,使用者的视觉舒适程度最高。也有一些文献提出了其他数值范围。例如,Christoffersen 和 Johnsen 的研究提出,办公人员在视觉上更加偏好 0.30～0.35 窗墙比的办公空间。一方面,医院空间与办公空间使用方式的差异性可能造成了不同的研究结果;另一方面,被调查者所处的地域气候条件可能也会影响使用者主观上的"最优窗墙比"。Rikard 等人的调查发现,生活在不同纬度地区的受访者对于室内窗户尺度的主观情绪反馈不同。

研究结果表明,空间围透度是影响患者应激恢复的重要因素,增加室内窗墙比能够显著提高患者的生理应激恢复水平,并降低患者的主观焦虑水平。在医院室内环境中,窗具有多重意义,除了为室内提供自然光线外,还能够为长期住院患者提供外界信息,包括室外景观、天气变化、季节转换和时间的流逝,减少住院带来的隔离感。目前的建筑规范主要从日照与节能角度,提出医院室内采光系数与单一立面的窗墙比建议范围,对于室内窗墙比没有明确要求。因此,在医院建筑设计中,可以在规范要求的基础上,适当增加室内空间的窗墙比,并且避免患者长期使用无窗空间,以提高室内环境的应激恢复效果。

除了直接提高窗墙比之外,医院还需要根据患者行为能力与行为模式,调整窗户形态、控制窗台高度、调整座椅布局,以保证患者能够通过窗户获得良好的视野。例如,HOK 设计的黄廷芳综合医院基于"一人一窗"理念,通过锯齿形的病房平面布局为每位患者提供室外景观。同时,通过建模测试与计算,为病床设计特定倾斜角度,让卧病在床的患者也能获得通达户外视野。而 AHA 设计事务所设计的 Sekii Maternity 诊所中,建筑师为每个病房的住院患者设计了分式开窗,以支持患者卧床、坐姿与站立 3 种行为状态的观景角度。另外,在进行医院场地规划时,尽量避免建筑或树木遮挡医院窗口,以减少患者视野受限(图 3.9)。增加窗墙比能够一定程度上提高患者的应激恢复效果,但这并不意味着室内窗户越大越好。同时,在垂直方向上,窗户面积的增加可能会引起患者焦虑感,带来一定的应激风险。因此,在选择室内窗墙比时,需要结合场地特征、气候类型、使用者群体特征等因素进行决策,避免患者产生不适感受。

图 3.9　窗口树木对于患者视野的遮挡
（图片来源：https://www.douban.com/group/topic/240066481/?_i=9718041M9cmyXg）

3.2.2　空间布局

空间布局侧重于建筑空间本身,包括但不限于平面和内部空间感受等。在建筑学语汇中,以此种方式分类表述的空间构成可以反映外部条件、空间造型及其关联的组织管理方式。若想基于使用者需求了解研究过程中我国医院空间构成的诉求,就要先明确这一群体的需求是什么。而依照相关概念定义,我国医院空间构成包含基本情况和空间布局两方面,前者注重医院的多种表象属性,后者关注医院建筑层面本身。因此,对使用者需求应从基本情况和空间布局两个角度分别进行总结。

1. 基本情况

我国医院使用者基本情况需求结构简图如图3.10所示,在基本情况方面,由于使用者涉及需求要素众多,使用者都期盼其能依据现实发展状况在各方面不断完善、提升、发展,因此探究出医院空间发展的核心关键词应为"与时俱进"。提炼出我国医院基本情况基于使用者需求感受访谈调研得到的关键点是"功能空间""应急医疗""整体环境"和"新技术应用"四大方面,而未来发展希冀则集中于对"与时俱进"的期盼。

其中功能空间指的是科室设置和体检空间两方面的情况,依照调研统计结果可知,科室设置具体可分为功能类别、创新性和个性化问题;体检空间具体可分为效率情况、流程合理性和功能转换问题。

应急医疗指的是急救问题和便利程度,依照调研统计结果可知,急救问题具体可分为人手情况、应急体验和服务范围问题;便利程度具体可分为位置分布和陪护空间问题。

整体环境指的是信赖程度和医疗条件,依照调研结果可知,信赖程度具体可分为就诊顾虑、病情缓急、医疗水平和权威沟通问题;医疗条件具体可分为设备情况、设施情况和内部环境问题。

新技术应用是指医院内部现代化程度,依照调研结果可知,具体可分为预约候

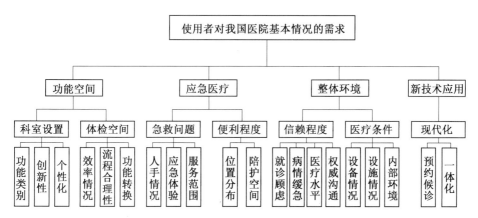

图 3.10　我国医院使用者基本情况需求结构简图

诊和一体化方面的问题。

2. 空间布局

我国医院使用者空间布局需求结构简图如图 3.11 所示。在空间布局方面，作者根据医院空间布局使用者需求的调研首先得到 11 个具体要素，范畴化后得到平面形态、房间连接度、距离深度及可达性 4 个方面。依据理念概括，后 3 个方面可合并为"核心可达性"，故初步总结后可将需求归类为"平面形态"和"核心可达性"两大方面。同理，根据上述信息可提炼出使用者对于医院中空间布局未来发展的主要希冀应为"简洁实用"。

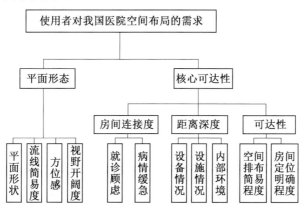

图 3.11　我国医院使用者空间布局需求结构简图

数量繁多的 11 个各项要点可作为后续案例现状分析的基础项目，初步总结后的四大属性可作为后续探讨的分类提及方式，进一步范畴化得到的两大方面可起到统领思路的作用，而提炼出的核心关键词可作为未来空间优化的指导思想。

3.3 医院景观环境因子的提取

3.3.1 界面色彩

在对环境认知方面,调查结果显示:在 4 种色彩界面条件下,患者对于所在环境直接感知指标(明亮感、秩序感、尺度感、围合感)的语义描述基本一致。另外,患者对于暖色调与混合色调界面环境的总体评价(满意度、偏好度)较高。界面色彩能够一定程度上影响患者对于所在环境的联想知觉。与对照组相比,患者总体上认为采用色彩装饰的室内环境更加亲切并富有趣味。例如,患者倾向于使用"一般亲切的"来描述冷色调与暖色调环境,而对于中性色调的评价则介于"冷漠的"和"亲切的"之间。

此次研究结果表明:室内界面色彩对于患者的影响主要集中在环境认知方面。在不同色调界面的室内环境中,患者的生理应激恢复水平近似,而且患者的主观焦虑水平($Sig=0.186$)与环境疗愈性评价($Sig=0.327$)也没有显著差异性,表明室内界面色彩对于患者综合应激恢复的影响效果有限。这一研究结果印证了 Fehrman 与 Dalkea 等学者的观点,即医院室内界面色彩仅能够影响患者的部分环境知觉与体验,并短暂地影响患者的某些生理指标,无足够实验证据显示室内界面色彩能够对于患者应激反应的发生与恢复造成稳定影响。NASA 的一份研究报告也曾指出,环境色彩对人体生理应激反馈的影响通常表现为短促和暂时性的。

目前,也有一些研究提出与之相反的结论,认为室内界面色彩能够显著干预患者的生理与心理应激恢复水平。例如,Jacob 等人就曾提出,与绿、蓝色界面环境相比,红、黄色能够显著增加使用者的主观焦虑感与皮肤导电性。Dijkstra 与 Cooper 等人也通过对照实验提出室内界面色彩能够影响患者的心理应激恢复指标。而大量医院建筑设计指导手册也将医院界面色彩(尤其是冷色调)作为调节患者负面情绪,缓解患者应激反应的重要手段。值得注意的是,这部分支持色彩影响效果的文献普遍发表年代比较久远,30~40 年前的生理与心理应激测评方法与现在具有较大差别。另外,这部分研究大多采用色卡或二维空间图片作为实验条件,测试不同色调下使用者的生理与心理反应,或通过患者对色彩的偏好来判断其应激恢复效果。受实验材料限制,其研究结论可能无法完整反映真实情况下使用者对于环境界面色彩的感知反应。Tofle 就曾提到研究方法的缺陷:无形中夸大了界面色彩的应激恢复能力,并导致了大量轶事证据(anecdotal evidence)出现在设计手册中,甚至指导医疗环境的色彩设计。

此次研究还发现:在一定程度上,患者个体差异能够干预室内界面色彩的影响效果。例如,在暖色调界面的室内环境下,男性患者的生理应激恢复水平较高;而冷色调环境则更不利于老年患者从应激状态中恢复。但总体而言，患者性别与年龄对于界面色彩应激作用的影响不大，这可能是由于色彩影响更大程度上受到个体成长经历、社会文化、教育背景等后天习得特征影响。象征性互动理论认为，特定场景下的象征意义一定程度上决定了人们的行为。而个体的生活经验往往使不同的环境色彩具备一定的象征意义。Kwon 的研究发现，在不同文化背景下，同样的色彩会被赋予不同的含义，并间接影响医院使用者对于界面色彩的情绪反馈。这也表明医院环境色彩设计并不存在"金标准"，而需要结合患者群体特征提出相应的环境色彩方案。

此次研究结果表明：室内界面色彩对于患者应激恢复的影响效果有限，对于患者生理应激恢复及主观焦虑感的影响均不显著（Sig>0.05），仅对于患者主观情绪唤醒水平产生一定影响。同时，由于个体主观感受的差异性与复杂性，并不存在适合所有患者的"完美色调"。因此，在选择医院室内界面的色调时，需要注意色彩的象征意义与实际视觉感受区别。在评估医院室内环境的色彩方案时，应避免将一些轶事证据作为设计决策依据，夸大单一界面色调的应激恢复作用。例如，由于绿色与自然、植物、生命等意向关联，因此常被认为是具备"恢复效果"的色彩。因此，许多医院在病房中大面积使用绿色界面，以试图减少患者紧张焦虑的情绪。而实际上，对于长时间使用的环境而言，大面积高饱和的绿色界面会对患者造成强烈的视觉刺激，也会让患者皮肤颜色失真，并不适宜在医院室内环境中大面积使用。Dalke 等人对大量建成医院使用状况进行了后评价，发现医院室内过度使用的绿色界面让医护人员和患者均感到痛苦与不安。

虽然此次研究并没有发现界面色彩具有应激恢复效益，但是实验结果表明，在不同界面色彩中，患者对于所在环境的评价与认知存在较大差异性。因此，在对医院室内界面色彩进行设计时，应多从整体环境氛围营造及视觉功效角度进行考量，通过多种色调之间的视觉平衡，营造轻松愉悦、温馨舒适的环境氛围。另外，尽管界面色彩对于应激恢复影响不足，但是 Harris 等人通过访谈发现，患者在进入医院后，往往最先关注室内界面色彩，对于界面色彩的印象也最为深刻。因此，可以通过强化目标与背景界面的色调对比，明晰不同功能空间区域（图 3.12），或帮助患者构建认知地图中的"地标"。例如，在奇伦托夫人儿童医院的设计中，建筑师为每个楼层选择一套配色方案，以提升患者在医院室内寻路的效率。

尽管实验表明室内界面色彩的独立作用有限，但是界面色彩与环境照度的交互作用显著。因此，在对室内界面的色彩进行选择时，需要充分考虑室内环境照度。例如，在低环境照度下避免冷、暖两种色调的大面积使用，或者利用暖色调界面与中等环境照度的交互作用，对于患者应激恢复产生协同促进作用。

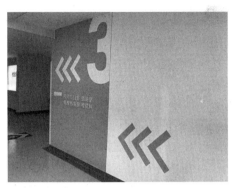

图 3.12　通过界面色彩对于空间功能进行强调
（图片来源：https：//www.sohu.com/a/381121350_120106185）

3.3.2　界面装饰

研究结果表明,室内界面装饰能够明显影响患者的各项环境评价指标。此次研究发现,随着界面装饰水平的增加,患者对于所在环境疗愈性中所有维度(远离、吸引、兼容、丰富)的评价均有所上升。另外,在环境认知方面,室内界面装饰对于患者的环境认知有明显的影响。在有界面装饰的环境下,患者倾向于使用舒适的、自然的、亲切的等积极意向语义来描述所在环境,并且对于环境的总体评价(满意度、偏好度)更高。除了联想知觉与总体评价外,室内界面装饰还能在一定程度上对患者的环境感知产生影响。例如,尽管4种实验条件的空间尺度与布局并无差异,但患者主观上认为采用界面装饰的环境更加"有序""宽敞"与"开放"。

在提高患者应激恢复效果方面,与调节界面色彩相比,界面装饰是一种更有效的界面优化方式。此次研究结果表明:与对照组相比,在采用界面装饰的室内环境中,患者的心率恢复率提高4.59%、皮肤导电性恢复率提高10.43%、产生的焦虑感降低11.32%、情绪效价提高10.96%、情绪唤醒水平降低6.67%。其中,界面装饰对于患者主观焦虑感(Sig=0.000)与情绪效价(Sig=0.018)的影响显著,对于患者皮肤导电性恢复率(Sig=0.071)的影响达到边缘显著水平。

既有研究大多针对医院室内环境有无界面装饰的差异进行分析,而本书的研究在此基础上,对室内界面装饰面积的影响也进行了探索。实验结果显示,随着界面装饰面积的增加,患者的心理应激恢复水平逐渐提高,另外,患者生理应激恢复水平并不与界面装饰面积线性相关。在最大界面装饰面积的实验条件下,患者的心率恢复率R_{Hr}甚至有所下降。但这并不表示较高水平的界面装饰不利于患者应激恢复。Ulrich认为,医院环境中有趣且无害的刺激源会起到积极转移(positive distraction)作用,通过将患者的注意力从负面刺激上转移到相对积极正面的事物上,能够有效减少应激反应对于患者的消极作用。而在此过程中,患者对于积极信息的接受与处理,会一定程度提高交感神经活跃性,进而增加心率等生理指标。Leather 将这一良性的患者生理指标提高现象称为生动刺激(lively stimulation)。

相关文献对于医院界面装饰影响效果的结果并不统一,部分研究认为,界面装饰的影响主要是针对患者心理应激恢复指标方面,也有部分研究提出界面装饰的效应主要体现在患者生理应激恢复指标方面。此次研究的实验结果倾向于支持前者的结论。但值得注意的是,研究还发现:室内界面装饰对于女性患者生理应激恢复的促进作用更加明显,而无装饰界面会对老年患者的生理应激恢复性产生更多的负面作用。因此,实验调查对象组成的不同,可能导致既有文献结果的差异性。在未来的研究中,可以对患者群体进一步细分,以更加全面地了解室内界面装饰对应激恢复的影响。

此次研究还发现,界面装饰不仅能够影响环境趣味感、亲切感等与装饰直接有关的环境评价指标,还能对于尺度感、秩序感、安全感等非直接相关指标产生影响。在具有界面装饰的室内环境中,患者倾向于认为所在环境更加宽敞、有序与安全。这一发现验证了 Quan 等人提出的观点,即医院界面装饰能够全面影响环境的各项认知与评价指标。

此次研究证实了医院室内界面装饰对于患者应激恢复的积极影响,且这种影响主要集中在患者心理应激恢复指标与环境评价方面。在医院室内环境中,与对照组相比,引入界面装饰能使患者的焦虑水平降低 9%,产生的情绪也较趋向于积极与活跃维度。因此,通过室内界面装饰降低患者的焦虑感与负面情绪是一种高效易行的环境优化措施。

值得注意的是,医院室内环境的界面装饰风格与主题需要慎重选择,这是由于与健康群体相比,前来就诊的患者或多或少处于应激状态。情绪一致性理论(emotional congruence theory)认为,在应激状态下,个体会将自身负面情绪投射到周边环境的认知上,也就是说,患者会倾向于从负面解释中性的事物。因此,在医院环境界面装饰中应尽量采用相对清晰且具有积极意向的主题(如自然风景),以减少患者对于界面装饰的解读空间。相反,主题模糊或表达形式抽象的装饰可能会被患者从消极角度加以理解,造成不可预知的应激反应风险。

界面装饰的方法十分广泛,除了此次实验采用的 LED 屏幕之外,医院还可以将永久性壁画或临时性绘画、摄影作品作为界面装饰。近年来,智能互动设备发展,丰富了医院界面装饰的手段。例如,英国大奥蒙德街儿童医院(GOSH)在手术室附近的走廊墙壁安装名为"自然之径"的智能互动装置(图 3.13),通过患者触碰走廊界面,可以产生各种 LED 动物图案,提高了界面装饰的互动性与趣味性。

在选择界面装饰的位置时,应尽量选择患者在就诊过程中可能会较长时间面对的区域,避免患者在转移、等候、检查的过程中被迫长时间注视单调无聊的医院墙壁或天花板。同时,需要考虑到患者行走、站立、仰卧视角,提出针对性的界面装

图 3.13 大奥蒙德街儿童医院室内走廊的互动装置
(图片来源：https：//www.sohu.com/a/318969992_99898253)

饰手段，以确保界面装饰的应激恢复效果。例如，在克莱姆森大学医院病房设计中，建筑师依据患者坐姿、仰卧及平卧的视线高度与范围，在病床的主墙面适当位置安装模拟自然景观场景的电子屏幕，缓解住院患者因疼痛而产生的应激反应。而对于部分患者视野受限的特殊空间，可以通过投影或头戴式显示器等方式，对于界面装饰的范围加以延伸。例如，患者在进行头部、胸部的 MRI（核磁共振成像）检查时，检查舱会使患者视线受阻，基于这种情况，东芝公司开发了 MRI 检查舱的圆顶屏幕影像系统（图 3.14），使患者在进行 MRI 检查时，能够观看 60°以上视野的虚拟自然场景，从而缓解应激反应。

图 3.14 MRI 检查舱的圆顶屏幕影像系统
(图片来源：http：//m.yejibang.com/news-detail.html？id=12669)

3.4 医院环境疗愈因子体系构建

3.4.1 医院环境的疗愈需求

1. 医院环境的疗愈现状

医院环境多以患者健康为首要目的进行设计,使得医护人员的健康受到忽略。医院环境影响因素在物理特性及舒适度、愉悦度、烦恼度等相应的感知特性指标方面各不相同。本书的研究聚焦医院室内空间,通过对医院病房空间(图3.15)、诊室空间(图3.16)和办公空间(图3.17)的环境进行调研,发现各科室间环境质量差异较大,并且办公空间存在家具数量不足、房间布局不合理等问题,病房空间床位布置过于紧凑、空气污浊、环境较热,诊室空间局促拥挤、声音混杂、光线昏暗,北方医院供暖期比居住区长,室内温度给医护人员着装带来不便,这些问题让医护人员时常容易感到烦闷与焦躁。对医护人员尤其是刚入职的医护人员而言,办公空间桌椅与门口的关系常常让他们产生不安全感,而医院的诊室空间和病房空间的氛围无法为他们缓解工作带来的焦虑与紧张。环境品质已经影响到医护人员的身心健康和工作效率,亟待对其做出科学评估并加以优化。

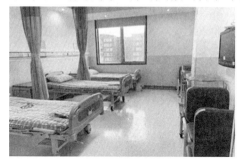

图3.15 病房空间

2. 疗愈因子体系构建原则

医院环境情绪疗愈因子的遴选涉及医院建筑的多个方面,由于评价条目较多,因此对指标采用因子分析法进行降维,提取少量公因子,以达到化繁为简的目的。根据调研医护人员在医院环境中呈现的情绪情况,以科学性、系统性、实用性、以人为本4个原则构建评价体系。

(1)科学性原则:医院环境的评价受建筑学、医学、心理学等多学科的共同影响与指导,因此具有科学性的要求。

(2)系统性原则:评价层次需要统筹考虑所有因子在体系中的合理性、逻辑性

图 3.16　诊室空间

图 3.17　办公空间

与全面性。

（3）实用性原则：指标命名应简洁易懂，并符合国家相关政策及规范条文。

（4）以人为本原则：该评价体系建立的目的是为人创造一个更为舒适、友好的医院工作环境，因此以人为本也是重要的构建原则。根据以上指标体系的4个原则，从物理环境和空间环境两个方面提取指标进行构建。

3. 医院环境疗愈因子遴选

在环境与建筑科学的研究范畴内，疗愈环境主要包括声环境、光环境、热环境和空气质量，而疗愈环境的要素包括自然、采光、新鲜的空气、安静的环境。随着疗愈环境研究的拓展，一些建筑因素与空间构成要素，如空间的形态、尺度、窗的位置及形状、装饰材料、色彩、家具、艺术品等也对人的感知产生影响，也是影响环境品质的重要因素。

指标遴选的方法有文献研究法、德尔菲法、问卷调研法、层次分析法、网络模型法等。其中问卷调研法是针对使用者、管理者等的喜好和情况进行问卷分析，可以最大限度地了解使用者的需求，减少主观倾向性。因此，本研究采用问卷调研法。问卷的受访者选择医生、护士及有医院工作背景的医学生。调研问卷包括4个部分：第一部分为受访者的个人及社会背景，包括性别、年龄、职业、文化程度、工作时间等基本因素。第二部分为情绪自评,采用情绪自评量表(SAM),收集受访者的愉悦度、唤醒度和控制力。第三部分为环境疗愈力评价,采用简化版医疗环境疗愈力评价量表(RHIRS),收集受访者对诊室和病房空间环境疗愈性的感知评价。第四部分为环境因子评价,受访者对遴选出的30个影响因子的满意度进行评价,分数为1~10分,1分代表非常不满意,10分代表非常满意。共回收有效问卷71份,有效率为93%,然后在SPSS 22.0软件中对采集的数据进行分析。

3.4.2 疗愈因子的体系构建

由数据统计结果可知,在71份有效样本中,医生与护士的占比大体持平。其中女性所占比例更多,为78%。年龄以中青年为主。通过数据分析可知,医护人员的情绪与对环境疗愈性的评价不受职业与年龄等个人社会特征的影响,所有受访者对医院环境具有相似的评价。此外,环境的疗愈效果对受访者的情绪自评部分有显著影响。环境疗愈性的3个维度——环境活力、环境安抚力、环境支持力与受访者情绪的"高兴""控制"维度有显著相关性,与"兴奋"维度无显著相关性(表3.9),证明了环境疗愈理论对心理健康的疗愈作用。

表3.9 环境疗愈性与情绪自评相关性

	斯皮尔曼等级相关系数	环境活力		环境安抚力	环境支持力	
		这个环境很有活力	这个环境给我耳目一新的感觉	这个环境能够缓解我的恐惧	在这里我可以畅快地交谈	这个环境给我一种很安全的感觉
高兴	相关系数	0.606**	0.576**	0.519**	0.568**	0.544**
	显著性(双尾)	0.000	0.000	0.000	0.000	0.000
兴奋	相关系数	0.110	0.007	0.226	−0.012	0.187
	显著性(双尾)	0.362	0.951	0.058	0.921	0.118
控制	相关系数	0.584**	0.504**	0.455**	0.509**	0.539**
	显著性(双尾)	0.000	0.000	0.000	0.000	0.000

注:*表示显著相关性$p<0.05$,**表示显著相关性$p<0.01$。

将问卷中的环境疗愈量表得分均值与各环境因子的满意度评分进行相关分析,从而筛选出具有显著相关性的因子。31个因子均具有显著相关性(表3.10)。

表 3.10　环境疗愈量表得分均值与环境因子评分相关性

斯皮尔曼等级相关系数	通风方式	气味	空气流动	室内温度	室内湿度	声音大小	声音类型	光源类型
相关系数	0.32**	0.466**	0.490**	0.485**	0.518**	0.405**	0.512**	0.483**
显著性（双尾）	0.007	0.000	0.000	0.000	0.000	0.000	0.000	0.000

斯皮尔曼等级相关系数	光照强度	墙面颜色	墙面图案	墙面材质	地面颜色	地面图案	地面材质	房间大小
相关系数	0.451**	0.336**	0.397**	0.413**	0.406**	0.312**	0.343**	0.377**
显著性（双尾）	0.000	0.004	0.001	0.000	0.000	0.000	0.003	0.001

斯皮尔曼等级相关系数	房间高度	房间形状	房间布局	窗的大小	门的位置	门的大小	家具种类	家具数量
相关系数	0.347**	0.460**	0.425**	0.274*	0.369**	0.339**	0.532**	0.539**
显著性（双尾）	0.003	0.000	0.000	0.021	0.002	0.004	0.000	0.000

斯皮尔曼等级相关系数	家具布置	艺术品	自然物	人员密度	环境整洁度	环境私密性	窗的位置
相关系数	0.398**	0.494**	0.327**	0.471**	0.559**	0.567**	0.392**
显著性（双尾）	0.001	0.000	0.005	0.000	0.000	0.000	0.001

注：*p<0.05，**p<0.01。

对问卷的第四部分——环境因子评价进行因子分析，经检验，问卷的KMO（检验统计量）= 0.928，巴特利特球形检验显著性 $x^2 = 2886.901$，$p = 0.000$。因此，各题项之间存在相关性，符合因子分析条件，所得数据适合进行因子分析。克隆巴赫系数 $\alpha = 0.98$。本研究采用主成分分析法对上述遴选出的因子进行分析，将31个因子以特征值大于1为提取标准，共提取出5项主成分，用最大方差法进行因子旋转，累积旋转载荷平方和82%，这5项主成分分别是装修装饰、热工环境、声光环境、空气质量与氛围感知，它们共解释了30个因子中82%的信息，达到了降维的作用，其中窗的位置这一因子旋转后荷载量在各主成分中均低于0.5，故而筛除。

为确定5个主成分的具体指标构成，依据最大方差法对提取的公因子进行正交旋转。其中，主成分1的贡献率最高，其累计贡献率为63.554%，因此主成分1是这5个主成分中最重要的主成分（表3.11）。

表 3.11 主成分提取

成分	初始特征值			提取载荷平方和		
	总计	方差百分比/%	累积/%	总计	方差百分比/%	累积/%
1	19.702	63.554	63.554	19.702	63.554	63.554
2	1.831	5.907	69.460	1.831	5.907	69.460
3	1.599	5.158	74.618	1.599	5.158	74.618
4	1.204	3.883	78.501	1.204	3.883	78.501
5	1.085	3.499	82.000	1.085	3.499	82.000

其中,主成分 1 包括墙面颜色(X_1)、墙面图案(X_2)、墙面材质(X_3)、房间布局(X_4)、房间大小(X_5)、房间形状(X_6)、地面颜色(X_7)、地面图案(X_8)、地面材质(X_9)、房间高度(X_{10})、门的大小(X_{11})、门的位置(X_{12})和家具布置(X_{13})。这些因子所占比重较大,且各项之间比重差异较小。考虑到以上因子对室内界面装饰的特性,故而将其命名为"装修装饰"。

主成分 2 包括室内温度(X_{14})、室内湿度(X_{15})、家具数量(X_{16})、环境整洁度(X_{17})。以上 4 个因子在主成分 2 中有较大荷载量,并且这 4 个因子表示使用者对室内热环境与空间拥挤程度的感知,可以解释为"热工环境"。

主成分 3 包括声音类型(X_{18})、声音大小(X_{19})、光源类型(X_{20})、光照强度(X_{21})。以上 4 个因子代表声环境及光环境对使用者的影响,因此属于"声光环境"这一类别。

主成分 4 包括通风方式(X_{22})、空气流动(X_{23})、气味(X_{24})及窗的大小(X_{25})。这 4 个因子从室内外空气交换的角度表示室内空气质量,主要解释为"空气质量"。

主成分 5 与自然物(X_{26})、艺术品(X_{27})、家具种类(X_{28})、环境私密性(X_{29})、人员密度(X_{30})有较为密切的关系,因其自身特点,可在室内环境中呈现出不同的氛围,因此命名为"氛围感知"。

由于主成分 2"热工环境"中家具数量(X_{16})和环境整洁度(X_{17})虽在视觉上影响使用者对热环境情况的感知,但从常识上判断更应属于"氛围感知"方面,因此将 X_{16}、X_{17} 调整至主成分 5 中。

为判断评价体系中各指标因子对医护人员情绪疗愈的贡献程度,需要对各因子进行权重分配。本书利用相关系数确定法对各因子得分与环境疗愈性得分进行相关性与显著性计算,从而确定各因子在该体系中所占权重。经过权重归一化处理和计算后得到医院环境情绪疗愈性评价体系。通过因子降维和权重分配,最终构建了一个拥有 5 项一级因子与 30 项二级因子的医院环境情绪疗愈性评价体系(表 3.12)。

表 3.12　评价指标体系构成及权重

一级指标	二级指标及权重	计分方式	一级指标权重
I_1 装修装饰	X_1 墙面颜色(3.31%)、X_2 墙面图案(3.40%)、X_3 墙面材质(3.39%)、X_4 房间布局(2.70%)、X_5 房间大小(2.49%)、X_6 房间形状(2.79%)、X_7 地面颜色(2.46%)、X_8 地面图案(3.48%)、X_9 地面材质(2.54%)、X_{10} 房间高度(2.54%)、X_{11} 门的大小(2.84%)、X_{12} 门的位置(2.96%)、X_{13} 家具布置(2.76%)	各二级指标采用十分制评分标准,1代表非常不满意,10代表非常满意	37.66%
I_2 热工环境	X_{14} 室内温度(4.33%)、X_{15} 室内湿度(4.59%)		8.92%
I_3 声光环境	X_{18} 声音类型(4.14%)、X_{19} 声音大小(3.78%)、X_{20} 光源类型(2.68%)、X_{21} 光照强度(3.69%)		14.29%
I_4 空气质量	X_{22} 通风方式(4.55%)、X_{23} 空气流动(3.92%)、X_{24} 气味(3.24%)、X_{25} 窗的大小(3.64%)		15.35%
I_5 氛围感知	X_{16} 家具数量(2.56%)、X_{17} 环境整洁度(3.55%)、X_{26} 自然物(4.39%)、X_{27} 艺术品(3.57%)、X_{28} 家具种类(3.64%)、X_{29} 环境私密性(3.54%)、X_{30} 人员密度(2.53%)		23.78%
合计	( )内为各二级指标权重,合计100%		100%

一级因子包括5个方面:装修装饰、热工环境、声光环境、空气质量和氛围感知。其中对医护人员情绪疗愈性影响最大的因子是装修装饰,这代表了室内环境布置的重要性,家具的布置反映了室内环境的复杂程度,也证实了注意疗愈理论中的吸引力特征方面的作用。其次是热工环境,该方面体现了医院环境的热湿作用对医护人员热舒适度方面的影响,从而间接地影响医护人员的情绪。声光环境是医护人员感知的物理环境指标,反映了环境的纷乱与嘈杂程度。空气质量描述了环境中空气的新鲜程度。解释力度最低的是氛围感知,该因子可解释为增添空间趣味性与私密性,这表明空间所营造的特殊氛围虽然会对医护人员的情绪有一定的影响,但这种影响程度远小于前4项,即在空间环境与物理环境指标能较好地满足需求时,医护人员的情绪疗愈不以室内环境的氛围营造为主导。

二级因子是环境设计中能够直接影响设计的控制指标,在二级因子中,最可以解释环境的情绪疗愈性的指标因子是声音类型、通风方式、室内湿度和自然物。这表明医护人员对工作中的环境舒适度与自然要素具有高度认知,这些指标将作为重点优化对象提出策略。另外,代表物理环境的声音大小、空气流动、窗的大小等也是医护人员重点关注的因子,这意味着物理环境的舒适度相比空间环境因素更能影响医护人员的情绪。

3.4.3 医院环境的优化措施

通过对医护人员在医院中的情绪疗愈进行调研及主成分分析,从总体上对医护人员情绪与医院环境满意度进行研究,这些主成分是一个舒适、友好的医院环境所必须满足的重要条件。在影响医院环境情绪疗愈的5个主成分中,"装修装饰"是最为重要的,也是优化措施中最需重视的因素。在今后的医院设计中,应针对医护人员逗留时间较长的房间着重从空间环境和建筑环境方面进行策略探讨。室内环境和5个主成分之间的关系如图 3.18 所示。此外,不同个人与社会背景的医护人员在医院环境各因子满意度方面看法一致,因此无须从人口统计学因素考虑对医院环境的改善。

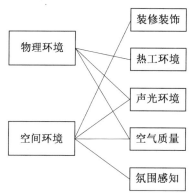

图 3.18　室内环境和 5 个主成分之间的关系

1. 空间环境角度

与空间环境相关的主成分为"装修装饰""声光环境""空气质量"和"氛围感知"。通过上述对空间环境角度的因子满意度的分析可知,墙面图案、家具种类和自然物是具有重要影响的因子。

(1)界面的地域特色策略。

在墙面图案方面,可用突出地域特色的界面材质,如嘉兴凯宜医院入口接待空间的银杏叶背景墙(图 3.19),呼应当地秋季旅游胜地的地域特点,与入口大厅结合营造家庭氛围。

(2)景观的自然互动策略。

自然物因子的影响比艺术品等摆件更显著,这证实了绿色植物对情绪的疗愈效果。一方面,可通过建筑造型和开窗的设计,使得室内医护人员与室外自然环境产生间接联系,如拉什大学医学中心新医院大楼的床塔几何造型使室内空间视野最大化(图3.20);另一方面,通过室内景观(如盆栽绿植等)的布置,营造自然的氛围,不仅可以解决冬季室外缺少绿色植物的问题,还可增加人与自然的直接互动。在室内环境中,可将中庭、候诊区、用餐区结合设计,通过景观搭配、景观渗透等手段,丰富空间景观层次,提升自然氛围感(图3.21、图3.22)。

(3)家具的活力舒适策略。

同时提高其在家具布置方面,应从人体工程学角度出发,在保证医护人员健康的同时提高其工作效率,如在护士站配备带有支撑扶手、锁定脚轮且可调节高度的椅子(图3.23),并提供足够的脚部空间。家具的摆放应当给予医护人员足够的安全感,如椅子不背对门口。在氛围营造方面,医院的灯光在满足照度需求的前提下,遵循视觉友好原则,可采用不同种类的灯具配合室内设计,增添空间活力(图3.24)。

图3.19 嘉兴凯宜医院入口接待空间
(图片来源:https://www.gooood.cn/jiaxing-kaiyi-hospital-china-by-b-h.htm)

图3.20 拉什大学医学中心新医院大楼
(图片来源:https://www.archdaily.com/443648/new-hospital-tower-rush-university-medical-center-perkins-will)

图3.21 拉什大学医学中心新医院大楼轴测分析图
(图片来源:https://www.archdaily.com/443648/new-hospital-tower-rush-university-medical-center-perkins-will)

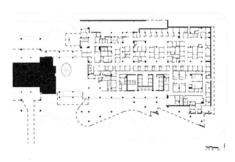

图 3.22　拉什大学医学中心首层平面图
（图片来源：https：//www.archdaily.com/443648/new-hospital-tower-rush-university-medical-center-perkins-will）

图 3.23　有支撑扶手、锁定脚轮且可调节高度的椅子
（图片来源：https：//zhuanlan.zhihu.com/p/411756383）

图 3.24　不同种类的灯具配合室内设计
（图片来源：https：//www.gooood.cn/hospital-nova-by-jkmm-architects.htm）

2. 物理环境角度

与物理环境相关的主成分为"热工环境""声光环境"和"空气质量"。根据因子分析结果，物理环境中较为重要的影响因子是通风方式、声音类型、室内温度、室内湿度。不舒适的物理环境会有碍情绪的疗愈。

（1）热环境结合通风策略。

医院环境中出于对疾病传播方面控制的考量，常伴随消毒水等刺鼻气味。此外，由于病人与医护人员的热感知程度的差异，病房内空气新鲜度情况更差。尤其在冬季时，病人较少开窗通风，使得病房闷热、缺少新鲜空气。室内湿度与通风方式均属于热舒适与空气质量方面，且室内湿度水平与空间卫生和热舒适条件有关。参考国际标准，Balaras 建议相对湿度为 30%～60%。将以上两个因子结合考虑，可以在暖通空调系统中添加一个附加装置（图 3.25），以在保证室内温度的情况下输送干燥空气。可以根据患者与医护人员的不同活动状况对供暖送风设备数量与类型进行调整。建议最好根据不同的温度和气流速度，并为不同的热舒适性需求准备不同的热区暖通空调方案。

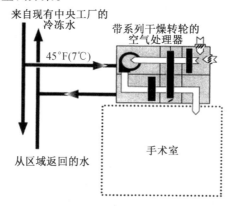

图 3.25　带有干燥剂轮的空气处理器

（图片来源：https：//www.sciencedirect.com/science/article/pii/S1364032112002377）

（2）噪声主被动控制策略。

在声音类型方面，医院中的声音类型较多，人声为最困扰医护人员的声音类型，此外还有按铃声和机械声。应在噪声主动控制方面考虑医疗系统的分层治疗，增加基层医疗收纳患者数量，减少综合医院的患者数量。从噪声被动干预方面考虑，可以在天花板、地板和墙壁等表面安装高性能吸音材料，或控制医院外商家用喇叭播放的音乐声。也可以利用门或不同体块将各个治疗区域分开，如将诊室区域、病房区域、餐饮区域、办公区域等分开封闭设计，阻止一个区域内的声音传播到其他区域。例如，芬兰中部新星医院用 4 个体块来划分手术区、病房区、门诊区及办公区，分层布置来减少噪声的交叉干扰（图 3.26、图 3.27）。

图 3.26　芬兰中部新星医院轴测图
(图片来源:https://www.gooood.cn/hospital-nova-by-jkmm-architects.htm)

图 3.27　芬兰中部新星医院体块生成逻辑图
(图片来源:https://www.gooood.cn/hospital-nova-by-jkmm-architects.htm)

3.5　本章小结

在物理环境方面,低环境照度有利于降低患者交感神经活跃水平,但同时会为患者带来严重的焦虑感与负面情绪;而过高的环境照度则更加不利于患者应激恢复。因此,室内环境照度与患者的综合应激恢复水平总体呈倒"U"形的关系,在 100~250 lx 的照度下,患者的总体应激恢复水平最高。环境色温对于患者的应激恢复影响十分有限。另外,室内声源类型对于患者的生理与心理应激恢复指标及环境疗愈性评分均有显著影响,其中,交谈声、步行声、接听电话等行为产生的人为噪声最不利于患者应激恢复,尤其会对患者的主观焦虑感及情绪效价产生显著负面影响。音乐背景声则能有效提高患者的整体应激恢复水平,并对皮肤导电性有增益作用。在机械声环境中,患者对于所在环境疗愈性评分最低。与声源类型相比,声压级对于患者的应激恢复性影响有限,仅能对于患者皮肤导电性恢复率及情绪唤醒水平产生一定影响。

在空间环境方面,功能空间、应急医疗、整体环境和新技术应用是使用者对于医院空间构成的需求关键要素,而使用者对于医院空间构成的空间布局方面最关心的问题主要分为平面形态和核心可达性两大部分,其中核心可达性概念包含房间连接度、距离深度和可达性。

在景观环境方面,空间围透度能够显著影响患者的应激恢复性。随着室内窗墙比的增加,患者的应激生理与心理恢复水平显著提高,且患者对于所在环境疗愈性的评分显著上升;室内界面色彩对患者的影响主要体现在环境认知方面,而对于患者的生理应激恢复指标及环境疗愈性评估的影响均不显著;界面装饰对于患者应激恢复的影响更加明显,同时能够比较全面地影响患者对于所在环境的直接感知、联想知觉与总体评价。

在环境疗愈方面,医护人员情绪疗愈的医院环境由"装修装饰""热工环境""声光环境""空气质量"和"氛围感知"5个主成分组成,并且"装修装饰"是5个主成分中最重要的成分。二级因子中的室内湿度、声音类型、通风方式和自然物是最受医护人员重视的因子。

本章从物理、空间和景观等方面讨论了医院环境的疗愈性,分别从使用者、患者、医护工作人员的视角挖掘医院环境的疗愈因子,并在此基础上初步构建了医院环境疗愈因子体系。只有保证医患的良好心理及情绪,才能给每位病人提供最优质的医疗服务。未来医院的建设应从物理环境、空间环境和景观环境角度着手改善医院环境的疗愈性,为医患提供积极健康的工作和恢复环境。

第4章 医院物理环境疗愈性设计

4.1 声环境疗愈性

室内环境作为一种服务载体,最直接地受到心理感受的影响,而心理感受与患者的舒适度和情绪息息相关。患者一天中的绝大部分时间在病房中度过,因此在医院建筑中塑造舒适的病房空间尤为重要。舒适的环境被认为是影响患者感受的最重要因素,其中声环境是医院环境舒适度的重要影响因素之一。医院属于噪声敏感建筑物,在声环境功能区分类中处于0类声环境功能区,特别需要安静的声环境。

普通病房的患者经常暴露在过量的噪声和活动中,而高强度的噪声与抑郁和焦虑有关。以往的研究发现,适当的声环境有利于患者的治疗;然而,声景很少被有意地设计或操作以促进患者康复,特别是心理康复。噪声是一个重大的公共健康问题,而噪声烦恼是暴露在环境噪声中的人们最常见和最直接的反应。噪声已被确定为医院的主要压力源,其会影响个人的身心健康。

4.1.1 声环境评价标准

1. 客观指标

客观上,有以下几个声环境指标。

A声级:用A计权网络测得的声压级,用L_A表示,单位为dB(A)。

等效声级:等效连续A计权声压级的简称,指在规定测量时间T内A声级的能量平均值,用$L_{Aeq,T}$表示(简写为L_{eq}),单位为dB(A)。

昼夜等效声级:在昼间时段内测得的等效连续A计权声压级称为昼间等效声级,用L_d表示,单位为dB(A)。在夜间时段内测得的等效连续A计权声压级称为夜间等效声级,用L_n表示,单位为dB(A)。

最大声级:在规定的测量时间段内或对某一独立噪声事件测得的A声级最大值,用L_{max}表示,单位为dB(A)。

昼间和夜间声级:根据《中华人民共和国环境噪声污染防治法》,昼间是指6:00至22:00之间的时段;夜间是指22:00至次日6:00之间的时段。设区的市级以上人民政府可以另行规定本行政区域夜间的起止时间,夜间时段长度为8 h。

累计百分声级:用于评价测量时间段内噪声强度时间统计分布特征的指标,指占测量时间段一定比例的累积时间内 A 声级的最小值,用 L_N 表示,单位为 dB(A)。最常用的是 L_{10}、L_{50} 和 L_{90},其含义如下。

L_{10}——在测量时间内有 10% 的时间 A 声级超过的值,相当于噪声的平均峰值。

L_{50}——在测量时间内有 50% 的时间 A 声级超过的值,相当于噪声的平均中值。

L_{90}——在测量时间内有 90% 的时间 A 声级超过的值,相当于噪声的平均本底值。

声环境功能区分类如下。

按区域的使用功能特点和环境质量要求,声环境功能区分为以下 5 种类型。

0 类声环境功能区:康复疗养区等特别需要安静的区域。

1 类声环境功能区:以居民住宅、医疗卫生、文化教育、科研设计、行政办公为主要功能,需要保持安静的区域。

2 类声环境功能区:以商业金融、集市贸易为主要功能,或者居住、商业、工业混杂,需要维护住宅安静的区域。

3 类声环境功能区:以工业生产、仓储物流为主要功能,需要防止工业噪声对周围环境产生严重影响的区域。

4 类声环境功能区:在交通干线两侧一定距离范围内,需要防止交通噪声对周围环境产生严重影响的区域,包括 4a 类和 4b 类两种类型。4a 类为高速公路、一级公路、二级公路、城市快速路、城市主干路、城市次干路、城市轨道交通(地面段)、内河航道两侧区域;4b 类为铁路干线两侧区域。

医院属于噪声敏感建筑物、0 类声环境功能区,根据环境噪声限值(表 4.1)可知,其昼夜间的噪声限值分别为 50 dB(A)和 40 dB(A)。医院的噪声类型主要有 4 种:机械噪声、人工噪声、背景噪声和音乐。医院的设备,如独轮车、呼吸机和心电图监视器,会发出机械噪声。人工噪声包括病人的对话、孩子的哭声、接电话的声音和其他行为产生的声音。背景噪声没有明确的主音来源,包括新风系统、电梯操作和其他设备产生的机械声音,以及医生与病人谈话及运动产生的人工声音。

表 4.1 环境噪声限值　　　　　　　　　　　　　　单位:dB(A)

声环境功能区类别	时段	
	昼间	夜间
0 类	50	40
1 类	55	45
2 类	60	50

续表4.1

声环境功能区类别	时段	
	昼间	夜间
3 类	65	55
4a 类	70	55
4b 类	70	60

目前测量上述指标的仪器主要是声级计及声级计的改良设备。测量仪器精度为 2 型及 2 型以上的积分平均声级计或环境噪声自动监测仪器,其性能需符合《电声学 声级计 第 2 部分:型式评价试验》(GB/T 3785.2—2023)、《电声学 声级计 第 3 部分:周期试验》(GB/T 3785.3—2018)、《电声学 声级计 第 1 部分:规范》(GB/T 3785.1—2023)的规定,并定期校验。测量前后使用声校准器校准测量仪器的示值偏差不得大于 0.5 dB,否则测量无效。声校准器应满足《电声学 声校准器》(GB/T 15173—2010)对 1 级或 2 级声校准器的要求。测量时传声器应加防风罩。

根据监测对象和目的,可选择以下 3 种测点条件(传声器所在位置)进行环境噪声的测量。

测量点的选择:

(1)一般户外。

距离任何反射物(地面除外)至少 3.5 m 外测量,距地面高度 1.2 m 以上。必要时可置于高层建筑上,以扩大监测受声范围。使用监测车辆测量,传声器应固定在车顶部 1.2 m 高度处。

(2)噪声敏感建筑物户外。

在噪声敏感建筑物外,距墙壁或窗户 1 m 处,距地面高度 1.2 m 以上。

(3)噪声敏感建筑物室内。

距离墙面和其他反射面至少 1 m,距窗约 1.5 m,距地面 1.2~1.5 m。

测量记录应包括以下事项。

(1)日期、时间、地点及测定人员。

(2)使用仪器型号、编号及其校准记录。

(3)测定时间内的气象条件(风向、风速、雨雪等天气状况)。

(4)测量项目及测定结果。

(5)测量依据的标准。

(6)测点示意图。

(7)声源及运行工况说明(如交通噪声测量的交通流量等)。

(8)其他应记录的事项。

2. 交互指标

当前研究都偏向客观声环境指标和声源指标,但是实际上,人对噪声的反应是多种因素造成的情绪结果,其中包括所处声环境、声源、物理环境、声感知与其他因素交互作用(图4.1)。这种通过环境与人交互产生的结果称为声景。

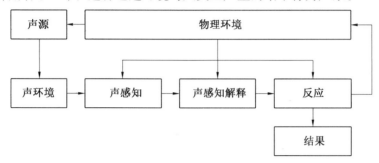

图 4.1　声景交互过程图

声环境对于人的影响主要在于交互的过程,因此,声环境的主观指标(焦虑、感知恢复状态、环境评价)在评估声环境的过程中处于重要地位,主要通过对医院中最具有代表性的人群(包括医生、护士、病人和家属等)进行问卷(问卷包含选择题、填空题)、访谈等了解不同人群对于医院的声环境舒适性的评价。目前医院声环境的评价主要采用客观测量与主观评价相结合的方式,来尽量准确地描述声环境的舒适性。

一般情况下,客观数据与主观评分较为一致,可以验证本研究方法的有效性。对于音频刺激,心理应激恢复指标往往比生理参数更敏感。效应量也表明声景对人的心理有更大的影响,支持了前人的研究结果。这可能是因为生理应激恢复参数,如心率、皮肤传导水平或血压,是交感神经觉醒的指标,不能反映情感的效价。因此,生理数据无法检测出伴随积极情绪反应的轻度觉醒反应。仅用生理数据来解释一个人的压力水平是不够的,尤其是考虑到应激反应,而恢复性是一个包含认知和反思的复杂过程,更适合作为评价交互作用的指标。

4.1.2　声环境疗愈影响

1. 不同类型的声源对环境舒适度的影响

医院声环境作为医院室内环境舒适性的一部分,最直接地受到心理感受的影响,而心理感受与患者的舒适度和情绪息息相关。患者几乎一整天都待在病房里,这突出了在医院建筑中提供舒适条件的重要性。以往的研究表明,病房内测量的噪声水平经常比世界卫生组织的指导值[45 dB(A)]高出 20 dB(A)以上。

暴露在噪声中可能会干扰患者的院内活动、情感、思想、休息或睡眠,并可能伴至表示他们非常不满意。医院的平均环境温度为 28 ℃ 左右,相对湿度较低,加热会加剧这一现象。

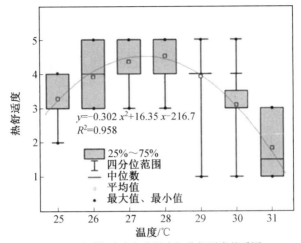

(a) 采暖期病房室内温度与热舒适度关系图

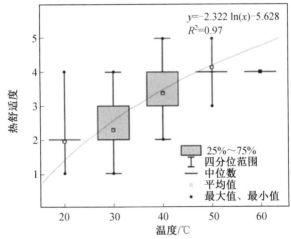

(b) 室内相对湿度与热环境满意度关系图

图 4.3　室内温度和热舒适度关系图

主要热参数的测量结果表明,它们可能对热满意度和热感觉有不同的影响。研究还比较了实测温度和相对湿度与热满意度之间的关系,给出了线性回归和测定系数 R^2。值得注意的是,与以前的研究不同,在我国的供暖地区,超过 40% 的病人对室内温度 26~28 ℃ 和相对湿度感到满意。随着实测温度的升高,热满意度先升高,28 ℃ 后迅速下降,实测温度与热满意度构成多项式线性回归,测定系数 R^2 为 0.958。然而,热环境满意度随着相对湿度的增加而增加。测量的相对湿度和热满意度构成指数线性回归,测定系数 R^2 为 0.97。

和最小的变量估计,应尽量减少其他环境因素的刺激。近年来,随着虚拟现实技术(VR)的日益成熟,VR 可以为用户提供更加真实、身临其境的环境。多项实证研究表明,VR 场景中参与者的生理、心理和行为反馈与真实场景中参与者的反馈相似。研究发现,在 VR 场景中,用户的心率、血压、皮肤导电性、认知能力和情绪水平与真实场景中非常相似。因此,环境心理学家开始使用 VR 场景来进行环境心理学实验,而不是使用真实场景。

声环境与热环境对患者的舒适度和满意度有最直接的影响。目前,人们对医院和其他医疗建筑进行了大量的热舒适研究。一些研究侧重于环境参数,如室内温度、湿度和空气流动,而其他一些研究则针对患者和医院工作人员的热不适和热感觉。根据《综合医院建筑设计规范》(GB 51039—2014),普通病房的理想室内空气温度为 20~24 ℃,推荐的相对湿度水平为 30%~60%。以前的研究表明,高温可能会导致建筑材料中毒素的释放增加,并为细菌提供更有利的生长条件,而低湿度会增加呼吸道疾病的易感性,并导致刺激。因此,医疗保健建筑中的温度和湿度范围标准受感染控制措施的影响,但这个范围内的热环境对患者来说是否舒适似乎被忽略了。热舒适通常被建筑物居住者(尤其是北方)视为比视觉和听觉更重要的因素。

在我国的供暖地区,年平均日温度在 90 d 以上稳定在≤5 ℃。我国供暖地区的面积占我国土地面积的 70%,其建筑面积约为 65 亿 m²。本书的调查主要集中在我国北方供暖地区,包括东北三省和内蒙古自治区东部,占我国供暖地区的 51.6%。本书从我国北方供暖地区的 6 个城市(包括哈尔滨、五常、七台河、赤峰、长春和梅河口)中选择了 18 家医院作为案例进行研究。研究结果显示,受监控病房的热舒适性基本上是可以接受的,但实际上温度往往比供暖季节设计的温度高得多,湿度低得多。医院内舒适的热环境可以提高患者对声环境的评价,而不舒适的热环境则具有相反的效果。舒适的声学环境也会使患者积极评价热舒适性。

供暖期病房室内平均气温约为 28 ℃,病房内温度保持在 25~31 ℃,相对湿度保持在 20%~50%。根据温度和湿度的测量结果和主观评估(图 4.3),病房的温度是令人满意的,测量值为 26~30 ℃,在 27~29 ℃时是非常可接受的。患者更喜欢高于国际标准化组织 ISO7730:2005(Ergonomics of the thermal environment - Analytical determination and interpretation of thermal comfort using calculation of the PMV and PPD indices and local thermal comfort criteria)和美国采暖、制冷与空调工程师学会标准 ASHRAE 55-2004(Thermal Environmental Conditions for Human Occupancy)标准值的温度。除了环境参数,两个个人变量,即居住者的活动和服装水平也非常重要。通常,在病房里,患者不太活跃,长时间躺在床上;此外,所穿衣服较薄,所以他们的热感觉会明显高于标准舒适值。调查结果显示,患者对相对湿度不满意,参与者主要表示不满意(37.7%)和中等(28.2%);12.3% 的参与者甚

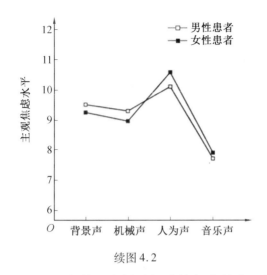

续图 4.2

的相互影响显著（$p<0.05$）。年龄和声景对知觉恢复力的交互作用几乎显著（$p=0.05$）。老年患者对机械声、人为声、音乐声这 3 种医疗噪声的敏感性较低，而 45 岁以下的年轻人则认为机械噪声条件下的恢复力较差。

2. 声环境与其他类型的环境交互作用

声景可以改变人们对环境的视觉印象，如光感、秩序感、尺度感等。这可能是因为人们整体地感知环境，音频和视觉刺激可以驱动多感官的环境感知。有吸引力或有意义的视觉背景往往会增加人们对噪声的耐受力，在类似的嘈杂声环境中造成较少的刺激。然而，研究也发现音频信息与个人的视觉体验和偏好之间存在高度相关性。在音乐条件下，被试倾向于认为周围环境是有序的、舒适的、刺激的，这可能是由于声音刺激改变了被试的视觉认知加工。声环境的感知是会受到其他环境因素的影响的，包括视听交互作用、声环境与热环境交互作用等。

医院声环境可能会影响一些视觉环境评价参数。具体来说，当病人暴露在不舒适的声环境中时，他们会将周围环境评估为狭窄、封闭、不舒服、人造的、不活泼的。例如，研究结果显示，在人工噪声和机械噪声的环境下，相对于只有背景噪声的环境，患者认为空间比较单调和狭窄。

一个模态的知觉经验通常依赖于其他感觉模态的活动。近年来，人们对跨模态对应的话题重新燃起兴趣，这激发了研究，证明跨模态匹配和映射存在于大多数感官维度之间。个人可以将不同的味道、颜色和形状感知匹配到听觉刺激。例如，人们总是把高音调的声音和高空中的小而明亮的物体相匹配。在每个实验模块中，参与者将体验不同的医院室内环境作为不同的实验场景条件。实验场景可以分为真实的和人工的两类。由于场地限制，大量无关环境因素难以有效控制，也难以在原有室内环境中添加新的环境因素。为了获得对声环境刺激/特性的最准确有负面情绪反应,如易怒、苦恼、疲惫,以及其他与压力相关的症状,进而影响患者的恢复。噪声和噪声烦恼对个人有非标准的影响,可能取决于以前的经验或生物易感性。当个体无法控制噪声时,就像经历过噪声烦恼一样,他们可能会遭受习得性无助和慢性压力的生物特征,包括皮质醇的过量产生。在比较患者在不同医疗声学环境中的双相形容词环境评价得分时发现,机械噪声条件下的参与者比控制条件下更倾向于使用否定形容词来描述声音。具体来说,当患者暴露在机械噪声中时,他们会将周围环境评估为狭窄、封闭、不舒服、人造的、不活泼的。

不同性别的患者在机械声作用下的压力恢复图如图 4.2 所示。同年龄组的患者对不同医疗保健声音场景的反应相似,尽管 45~60 岁的患者在生理上的恢复速度略快于其他年龄组的患者。通过双向重复测量方差分析来研究年龄对参与者的影响的生理和心理压力恢复参数,结果表明,患者的年龄和医院室内声景条件之间

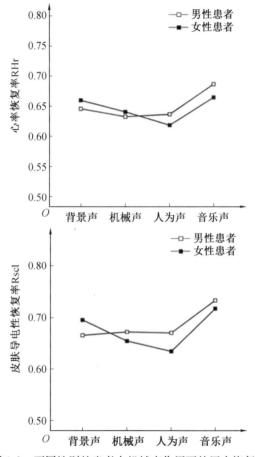

图 4.2　不同性别的患者在机械声作用下的压力恢复图

先前的研究表明,不同的声源和行为模式会影响用户在室内环境中的声学感知。在调查病房中,声源构成和行为模式相对简单,主要声源是语音和活动。本研究采用斯皮尔曼等级相关系数对各种单独声源的声学舒适性评价和整体声学环境的舒适性评价之间的相关性进行统计分析($p<0.01$),结果表明,员工语音(说话人、工作人员)、叫喊声、哭声和翻书声的声学舒适度评价之间存在显著正相关关系,叫喊声和哭声是最相关的(表4.2)。总之,这些类型的声音非常令人不安,当这些类型的声音是主要声源时,环境声学舒适度将显著影响整体舒适度。

表4.2 声源舒适度和整体声环境舒适度的相关系数表

声源类型	具体声源	回归系数
说话声	说话人	0.35*
	其他聊天者	0.067
	工作人员	0.286**
	叫喊声	0.438**
	电话声	0.098
	哭声	0.426**
活动声	电视声	−0.198*
	翻书声	0.392**
	行走声	0.061

注:*表示显著相关性$p<0.05$,**表示显著相关性$p<0.01$。

调查结果显示,病房白天的平均声压级为59.2 dB,声压级保持在57.3~63.8 dB。病房中的声压级是令人满意的,测量值为45~75 dB,在45~50 dB时是非常可接受的(图4.4)。然而,当说话声达到70 dB时,参与者表示不满意(43.5%)和强烈不满意(21.7%)。这个结果表明患者更喜欢安静的环境。

研究表明,声学舒适性评价相对于条件的平均等级变化。与没有热因素的情况相比,随着热因素的引入,平均额定值发生了变化。当温度较低时,声学舒适性的变化大多小于0.03;当温度为中高时,声学舒适性降低;随着温度的升高,声学舒适性下降的趋势更加明显。无论声源类型,当湿度较低时,对声学舒适性的影响最显著;但当湿度中等或较高时,影响不显著。在叫喊声、哭声和呼叫器声的情况下,温度和湿度的影响更明显,高温和低湿度有负面影响。在中等温度和湿度下,改善声学舒适性的效果更好。总之,热因素对叫喊声、哭声和呼叫器声的声学舒适性的影响最明显,而对说话声、电视声和行走声的影响最不明显。偶尔的声音在不同的时间段没有显著的差异,但说话声和活动声在不同的时间段表现出显著的差异。例如,在午休期间,说话声和活动声显著减少,导致声学环境得分较高。

热舒适通常被建筑物居住者视为比视觉和听觉更重要的因素,但在本次调查

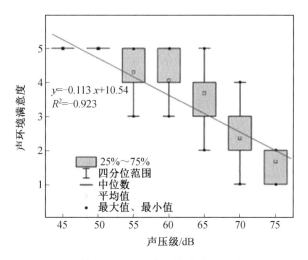

图4.4 等效声压级和声环境满意度的关系图

中,热因素和听觉因素的权重大致相同。现有研究表明,室内环境是在各种物理环境因素的共同作用下形成的,应该考虑这些因素的相互作用。

4.1.3 医院建筑声环境疗愈性设计

1. 愉悦的听觉景观设计——被动感受式

人在长时间的寂静环境中会产生枯燥感和疲劳感,加上压缩机、空调机单调的声音会使人反感。被动感受式是指让医院的使用者通过聆听特定的乐音来调整情绪,感悟乐音的场景气氛、旋律和节奏,缓解不愉快的噪声干扰。

在噪声无法杜绝的情况下,可利用声学设计理念中的"声罩"方式来减少噪音的影响,通过一定频率和声强的乐音,消除和屏蔽人们对噪声的感觉,从而达到听觉舒适性要求。并非所有的乐音都能用作声罩屏蔽,最好是一种随机性声音,不能引起人们的过多注意,还要与所遮蔽的噪声有近似的频率和声强,如自然界中的声音(流水声、风声、鸟鸣声等)。例如,华盛顿州伦顿市山谷医疗中心休息大厅的涌泉设置,通过落水声对噪声产生遮罩效应(图4.5);陆军军医大学(西南医院)主入口处设置了喷泉,流水声对车声、人声等噪声起到了屏障作用,提高了舒适度(图4.6)。医院的户外景观中可设置一些吸引鸟类、昆虫停留的趣味性设施,如风车小品等,这些微小的自然声能够在人的脑海中形成意象,带来意境美的享受,使人缓解压力,放松心情。

图 4.5 华盛顿州伦顿市山谷医疗中心
（图片来源：https：//www.absherco.com/project/valley-medical-center/）

图 4.6 陆军军医大学（西南医院）
（图片来源：http：//www.chinayxb.cn/hospital_detail.php？id=249）

2. 愉悦的听觉景观设计——主动参与式

主动参与式是指激发医院的使用者主动地参与声环境的营造之中，让患者和治疗人员一起参与表演或演奏活动。运用音乐的娱乐功能，引导患者在演奏的过程中放松心情、表达情感。可设置专门的治疗室，为处于住院康复期的患者组织合唱、音乐会、联欢会等活动，促进患者恢复社会能力。河南省肿瘤医院在门诊大厅举办的音乐会，活跃了患者的生活，并达到了辅助治疗的效果（图 4.7）。

图 4.7 医院大厅内的表演
（图片来源：https：//www.sohu.com/a/349388437_100092974）

4.2　光环境疗愈性

疗愈是医院的重要功能。患者需要在医院进行康复疗养，在疗养过程中，需要舒适的自然光。因此，本书主要讨论的是医院护理单元中的自然光环境。

4.2.1 光环境评价标准

1. 自然光环境的定义和属性

自然光源自太阳,主要由太阳直射光、地表反射光和天空漫射光组成,其光线强度和方向随季节、气候、时间和地理位置而变化。科学研究表明,来自光和视觉获得的外界信息约占 70%~80%,而人的肉眼只能对 380~760 nm 范围内的可见光做出反应。光环境是指光及其属性与房间形状、房间布局、房间功能共同建立的环境,同时包括生理环境和心理环境,光的影响因子包括光线分布、照度水平、照明形式等;颜色的影响因子包括色调、饱和度、颜色显现等。

2. 光的视觉特性

光与视觉二者的关系是相辅相成、缺一不可的,视觉依赖于光,光也需要通过视觉来表达。当光线射入人眼后,刺激神经系统产生视觉,将物体的形状、尺寸、颜色和运动状态传达给大脑,并借助光照作用产生明暗关系,进一步将物体的质感、明暗关系和空间变化传递给人体的感知系统,最终形成视觉。

(1)视觉阈限。

视觉系统具有自动调节能力,视觉器官对光的感知与光刺激成正比关系,能感知的最小光刺激值,即视觉阈值。能引起光觉的最低限度的光亮,被称为视觉阈限,通常采用亮度衡量,故又称为亮度。影响视觉阈值的主要因素有视觉目标物体的大小、颜色和观察时间等。

(2)识别速度。

识别速度是指人眼识别物体外形所需要的时间倒数,即 $1/t$。物体属性、反射性能和环境亮度等均可以影响识别速度,其中环境亮度对其产生的影响最直接,良好的光环境可以缩短形成视觉所需要的时间。

(3)明暗适应。

适应是指视觉对于环境内亮度变化的顺应性。从暗到明的适应时间短,称为明适应,反之称为暗适应。要使视觉阈值达到稳定水平,通常明适应需 1 min,而暗适应长达 30 min。这说明在光环境设计上,应考虑使用者流动过程中出现的视觉适应问题。

(4)视觉疲劳。

长时间在恶劣的光环境下进行视觉工作易引起视觉疲劳,合适的光环境照度可以改善视觉疲劳。实验表明,最适于连续工作的室内环境照度为 500~1 000 lx。

3. 自然采光标准

自然光也称天空光,到达地面的天空光由太阳直射光和天空漫射光组成,全阴天时,只存在天空漫射光。采光标准主要包括采光数量和采光质量两个方面。

(1) 采光数量。

采光数量以采光系数为衡量指标,根据视觉工作的精密度分为5个等级,采光系数指室外全阴天情况下,在同一时间和地点,室内平面指定点处的照度值与室外无遮挡平面的照度值的比值,室外的照度主要来源于天空漫射光。我国视觉工作分为Ⅰ~Ⅴ级,各级视觉工作要求的照度值分别是 250 lx、150 lx、100 lx、50 lx、25 lx。

(2) 采光质量。

光环境改造前,首先应明确优质光环境的评价指标,进而提出可循目标。光环境是生理环境和心理环境的影射,内涵广泛,因此需要量化和非量化指标共同进行综合评价。量化指标可通过光学仪器和软件模拟计算得到相应数据,对应的是光环境物理评价标准,主要包括照度及其均匀度、亮度及其分布、眩光、立体感、显色性等,考察这些量化指标,可推导出光环境物理评价标准。

4.2.2 光环境疗愈影响

人与环境是息息相关的。患者在住院期间,大部分的时间都是在病房中度过的。在这期间,患者身心状态不佳,对室内的物理环境较为敏感,不良的情绪会影响患者的治疗效果和进程。同时,医护人员对患者的大部分治疗工作也是在病房护理单元中进行的,护理单元需提供一个适用于精密操作的照度,便于工作人员清晰、明确地判断和治疗疾病,提高医护人员的工作效率。所以,舒适良好的医疗环境对病房护理单元起着至关重要的作用。

创造良好的医疗环境的根本目的是让使用人群在精神上和生理上能够很好地适应病房环境,从而创造生理快感和心理美感,使身心得到相应满足。生理快感即满足生理需求,多体现在物质上,如阳光、空气、温度、饮食、触觉等。生理快感持续时间短,是一种低级的需要,而心理美感则是一种高级的需要,是随着精神活动长时间的持续感受,是人类独有的、由精神需要得到满足而产生的。美感多通过视觉和听觉形象产生,如光线、颜色、形式、声音等,均可以引起不同的心理活动。因此,目前优秀的病房护理单元设计除了给予患者治疗护理外,还要考虑细致的医疗环境设计。

人类向往光明,需要救治的患者更加渴望阳光,因此护理单元的采光设计也应该同时满足生理快感和心理美感双重需求。当前绿色医院建设的重要工作是重点对新建医院进行系统采光设计,对既有建筑进行优化采光设计改造。合理充分利用自然光,可以显著优化光环境质量,同时减少人工照明的使用和空调能耗,降低设备维护费用,是直接有效的节能措施。作者在长白山保护开发区中心医院调研时,通过护理单元走廊的监控录像对人群行为的记录发现几个现象:护士站对面直接对外采光的走廊大厅,是整个走廊中使用人群最多、停留时间最长的空间,使用者的行动轨迹主要集中在该区域,其次是走廊尽端开窗处,使用者多为病患和探视家属。访谈中了解到,病患长时间在病室治疗休养,需要在同楼层内进行简单活动,第一选择是靠近阳光处、能够获取更多外界信息的区域,期望获得一个积极空间,缓解焦虑和抑郁的心情。看护及探视人员表示,病室中患者的身体状况和作息时间不同,为避免打扰到其他患者,所以选择该区域进行简单的交流谈话;在完全没有自然光的走廊和大厅里,没有停留的欲望。

4.2.3 医院建筑光环境疗愈性设计

1. 柔和的光与色彩景观设计——争取自然光源

在医院建筑环境中,对光景观的设计主要采取争取自然光源的对策。自然光体现了人们对自然环境的向往和追求,对患者的健康至关重要。然而,过强的日光照射也会对人体造成伤害和视觉的刺激,所以建筑的光景观设计要柔和、亲切,符合使用者的生理及心理需求。

(1)公共空间。

医院的公共空间如门诊大厅、候诊区、休息区等,可以采用天窗或高侧窗增加自然采光,减轻等候患者的焦躁情绪。门诊大厅的用光要与整体色彩及材料相协调,体现自然的氛围,给患者以舒适的感觉,建立良好的第一印象;小型候诊区和休息空间用光应自然柔和、结合绿化等。德国 Kempten-Oberallgau 门诊中心在病房的交通空间中利用反射光板,引入自然光,形成了自然灵动的空间效果(图4.8)。

图4.8 Kempten-Oberallgau 门诊中心的交通空间得到自然采光
(图片来源:https://bbs.zhulong.com/101010_group_201807/detail10027969/)

(2)医护用房。

手术室和诊室的主要使用者是医护人员,患者在手术室时处于无意识状态,在诊室只是短暂的停留,所以对医护用房来说,关注的主要是医护人员的心理感受。在诊室中,他们同样渴望与外界联系,与自然接触,缓解工作压力,开窗保证了阳光的照射和与外界的视线联系,有利于保持舒畅、轻松的工作状态。整体化手术室由于洁净度和空调气流的要求,一般不对外开窗,但乌克兰 ANACOSMA 诊所打破了这个常规,手术室采用了大面积落地窗,同样受到了医生的欢迎(图4.9)。

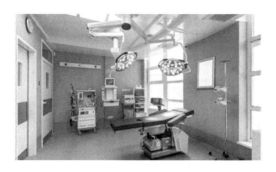

图4.9 乌克兰 ANACOSMA 诊所(图片来源:https://archello.com/es/project/surgical-department)

(3)病房。

病房是患者停留时间最长的场所,病房的景观环境直接影响患者的康复治疗,应尽力争取南向的房间用作病房,保证良好的采光和窗外景观(图4.10)。

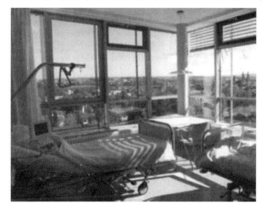

图4.10 Kempten-Oberallgau 门诊中心病房

(图片来源:https://bbs.zhulong.com/101010_group_201807/detail10027969/)

2. 柔和的光与色彩景观设计——均衡多样色彩

色彩可以给人以心理暗示,色彩设计包含了人们对不同色彩的心理体验而产生的色彩感情,人们会因色彩的变化而发生血压、心跳的变化及其他生理反应。合理地利用色彩的变化,能对使用者产生积极的作用。良好的室内外环境的色彩设计有利于患者提高自身治愈能力,减轻紧张不安的情绪,同时也有利于降低医护人员的工作压力。因此,医院的色彩构成要特别关注患者和医护人员的需求,以及不同明度、亮度、色彩搭配对人产生的生理、心理作用。

色彩视觉有3种特性,每种特性既可以从客观刺激方面来定量,也可以从观察者的感觉方面来描述。表示色彩视觉的第一个特性的心理物理学概念是光的波长(wavelength),与之相对应的心理学概念是色调(hue)。表示色彩视觉的第二个特性的心理物理学概念是亮度(luminosity),与亮度相对应的心理学概念是明度

(brightness)。表示色彩视觉的第三个特性的心理物理学概念是色彩的纯度(purity),其对应的心理学概念是饱和度(saturation)。

人们对色彩的满意度与和谐感又催生其对色彩美感的理解,从而唤起对色彩的情感偏好。单一色彩实验证实了明度、彩度与色相均会对人们的色彩感知产生影响,前两者对人们的色彩感知影响力更大。较低的明度与较高的饱和度往往使人产生温暖的感觉,而色彩明度越强,冷峻感越强。类似理论对建筑室内环境色彩设计起到了深远影响。还有相关人员认为,已有研究关于色彩三重属性对色彩认知的影响机理虽然尚无定论,但达成的共识是,明度属性对色彩唤醒度与愉悦度的影响最大,彩度较弱,最弱是色相。环境色彩研究证实,冷色感的空间环境能产生最佳唤醒程度,高明度的环境色彩带来的愉悦感受最强烈。

(1)安全用色。

在医院环境中,安全保障是使用者最基本的生理需求。色彩的运用也要考虑安全原则,在医疗用房不宜采用深色或彩色、具有反射性的空间材质,避免反射现象或视觉残象误导医护人员的诊断治疗。

(2)整体统一。

除有医疗功能的专用空间外,医院的色彩设计一般应采用大面积高明度、低彩度的调和色,选择两三种主色调,形成整体统一的基调。例如,一些医院多用米色、乳黄色作为室内的主色调,选用天然的木材作为室内装修材料,色相统一,又部分保留其作为医疗机构的特征(图4.11)。小面积的标志物、诱导图标等需要重点突出的部分可选择对比强的色调,根据不同的要求进行色彩调配,既要协调统一,又要利于识别。

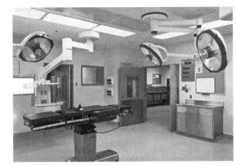

图4.11 杰克逊麦迪逊郡总医院

(图片来源:https://etfc-arch.com/portfolio-items/jackson-madison-county-general-hospital-surgery-expansion/)

(3)平衡互补。

不同使用者在不同的场合对色彩的感觉和需求并不相同。人对色彩的需求本身就是多样的,人在长时间注视同一颜色物体后,会下意识地寻找补色物体做色彩视觉弥补。为了避免医院使用者在单调色彩环境下产生厌倦的情绪,医院的色彩设计要注意平衡互补的原则,关注蓝、黄、红和绿等基本颜色的平衡度,在统一色调的前提下,提供小面积的补色以避免视觉疲劳。例如,泽西岛城市医疗中心的 LDR 产房(待产、分娩、恢复及产后的单人房间),室内浅色的墙面、木质的家具、红色的床,无不透露出暖色的温柔。软包的沙发椅在材质和色彩上起到与界面色彩呼应的作用,也营造了人们在视觉上充满暖色和处处温和的感受(图 4.12)。

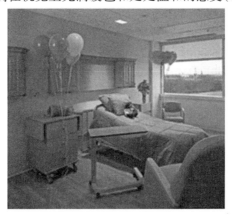

图 4.12　泽西岛城市医疗中心的 LDR 产房

(图片来源:https://info.aia.org/aiarchitect/thisweek05/tw0204/0204jerseycity.htm)

(4)突出个性。

医院色彩的设计也要迎合不同使用者的需求差异,突出个性。儿童病房、活动室等应色彩鲜艳,并配有儿童熟知的卡通形象,缓解儿童就医的恐惧感(图 4.13);妇产科门诊或病房可以采用温馨的粉红色或优雅的紫罗兰色,可以起到稳定情绪、舒缓心情的效果。

图 4.13　芝加哥儿童医院

(图片来源:https://www.gooood.cn/the-crown-sky-garden-by-m-k.htm)

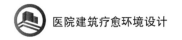

4.3 热环境疗愈性

病房空间设计的发展同医疗模式概念的发展过程一样,由满足人们的基本生理需求逐步向高科技治疗和人性化服务的方向转变。目前国内有关医院病房的热环境研究还处在探索阶段,因为医院性质的特殊性,对病房热环境的研究不仅要考虑患者的热舒适度,同时还要考虑控制污染和促进康复。热环境是病房物理环境控制的重要一环,其优劣直接影响患者的感染控制和康复速度,是病房设计时要考虑的重要影响因素。

由于严寒地区医院普通病房夏季主要依靠自然通风,冬季主要采用集中供暖的方式,对空调等调节方式依赖性并不强,故严寒地区的热环境主要依靠建筑本体的设计和构造加以改善,对平面布局、剖面构造和设备布置提出了更高、更细致的设计要求。只有考虑并完善这些设计因素,才能构建出能控制感染、促进康复、合理舒适的病房热环境。

4.3.1 热环境评价标准

1. 病房热环境评价标准

热舒适标准是病房热环境评价标准中非常重要的一项,热舒适直接影响患者的心理和感受,从而影响康复。热舒适区间要和安全卫生标准和康复标准共同考虑,互相修正。因为患者受到病情的影响,舒适标准较为模糊,更重要的是患者的舒适标准并不能确定是最适宜患者康复的,所以要综合考虑各项指标,从而得出一个全面、合理的热环境区间。

2. 病房热环境的医疗卫生标准

病房热环境的医疗卫生标准是指在适当的热环境条件下,室内环境可以达到安全卫生状态的指标范围。安全卫生的具体体现为:空气及物体附着的有害微生物含量较低;空气中挥发性有毒气体含量较低;空气中气溶性可吸入颗粒物含量较低。热环境的医疗卫生标准就是在该热环境条件下,热环境关联污染微生物能得到有效的控制,如细菌、尘螨等,不会促进滋生;有害气体的浓度相对较低;空气中的颗粒胶体含量较低。

适当的热环境有助于维持卫生的环境,这直接关系到患者是否处在一个安全卫生的环境中。特别是温湿度的控制,温湿度过高会促进细菌繁殖、微生物滋生,这可能会引起患者伤口的感染或者病情的传播。室内的装饰材料易挥发有毒气体,冬季室内不通风,空气不流通,不能及时更新,会增加有害气体对人体的危害,降低人体的运行机能。而湿度过低的环境会使人体表面皮肤和黏膜干燥,使鼻腔内的自洁和噬菌能力降低,导致人体抵抗能力下降,易于被细菌、病毒等侵入患病。

3. 环境医疗卫生指标

(1) 微生物。

空气中的微生物传播对人体的影响很大,且易于传播流行疾病,因此合理地控制微生物的传播和繁殖非常重要,特别是在病房中,患者多为虚弱易感体质,更应该重视控制微生物的传播和繁殖。空气对微生物有一定的自净作用,当空气中的温度和水分不适合微生物繁殖时,它们会衰败和死亡。根据微生物的生存习性和生长规律适当地控制微生物生长、传播至关重要。

室内受温湿度影响的主要微生物种类有真菌、细菌、病毒、放线菌等。这些微生物的生长习性各不相同,在不同的温度和湿度条件下不同的微生物的生长繁殖会受到不同的影响,但由于微生物的范围和生存环境非常广泛,只能探讨出对患者有影响的一些种类,并得出一些具有倾向性的温湿度范围区间。

真菌是医院中常见的微生物,人们极易感染真菌患病,每年真菌感染都占医院同期感染致病人数的很大一部分比例。室内环境中的真菌污染物会导致人们感染及肺病的传播等。医院感染病例中常见的真菌为念珠菌、酵母菌和曲霉菌等。感染部位以呼吸道为主,同时也会产生过敏症、刺激反应和毒性作用。室内真菌对严重哮喘患者的危害巨大,相当于其他过敏物质的两倍。

空气中真菌的浓度在夏季比冬季高,它的生长受到多方面的影响,包括温湿度、空气流速等。经实验测定,温度在22～28 ℃时,温度越高,真菌的生长状态越好,部分菌种到25 ℃时达到稳态。真菌易于在高湿环境下生长,实验表明,真菌的生长状况随着湿度的降低而减弱。湿度对于真菌的影响比温度对于真菌的影响大,且变化区间较容易控制。真菌在湿度大于60%时生长迅速,因此湿度为30%～60%有利于控制真菌的生长。

细菌也是室内空气中的一个重要污染微生物,空气中的气传细菌会导致人们患病。影响室内细菌生长的因素有很多,且受人为干扰因素很大,并且细菌的种类繁多,人体和室内就有上万种细菌,不易于控制。多数情况下若有对该空间特殊的无菌要求,则采取紫外线放射和药物消毒等措施。同时,适当地控制室内环境(如温湿度和通风状况等)也能适当地控制细菌的生长。同真菌一样,细菌存在的温度范围广泛,控制温度不能有效地控制细菌。

综上所述,由于微生物的生长温度范围较为广泛,且与人体温度范围重叠,控制室内微生物的最好办法是控制湿度,将湿度范围控制在30%～60%具有最好的抑菌效果。

(2) 气溶胶可吸入颗粒物。

气溶胶可吸入颗粒物也是室内空气中常见的一项指标,主要是有害物质附着在空气中的悬浮颗粒上,与空气中的水雾形成可吸入式气溶胶。气溶胶主要分为两种:一是有害气体或粒子附着在气溶胶上,二是细菌附着在气溶胶上。该类物质可沉积于人体,对人体造成不利影响,而且该类物质很难避免及隔离,平时也很难察觉。常见的室内气溶胶污染物有有害气体附着气溶胶、有害微生物附着气溶胶等。

实验表明,空气中 10 um 的颗粒物可降解,但小于 10 um 的颗粒物则可以长时间地飘浮在空气中。气溶胶易被细菌、放射性粒子、挥发性气体所附着,它长期悬浮在空气中,不易被排除到室外,且易通过人们的呼气等活动进入人体,对人体的危害很大。

微生物气溶胶是感染和传播疾病的主要原因之一,人在咳嗽和打喷嚏时形成的唾液飞团就是微生物气溶胶,每次可排放 104~106 个细菌(或病毒)粒子。可以通过物理环境的控制减少微生物气溶胶在空气中的停留时间。

被放射性气体附着的气溶胶对人体的潜在危害很大,同时也会干扰到处于特殊治疗过程中的患者的恢复。氡粒子是一种放射性的气溶胶粒子,当这种粒子被人体吸入时,会停留和沉积在肺部,不仅会粘连在肺部的黏膜中,甚至可能随着体液的转换而进入人体,对人体的危害性极大。空气中的氡主要来源于建材的放射,以及相关材料的放射和散发。它所携带的放射性射线会对人体造成很大的危害,会引发血液病或者癌症等疾病,对身体虚弱、抵抗力较差的病患更是会造成潜在的危害。实验表明,在 30%~80% 的相对湿度范围内,氡的析出率随湿度的升高而先升高后降低,所以将室内湿度维持在 30% 左右对氡析出有很好的控制作用。

气溶胶主要是有害物质附着到悬浮在空气中的水蒸气颗粒上所造成的,适当地控制湿度对气溶胶的控制有很大的帮助,所以将湿度控制在较低的范围内时空气的质量较好。

(3)挥发性化学物质。

室内的温湿度也会影响建筑材料中化学物质的释放特性。室内空气污染物来源广泛、种类繁多,挥发性有机化合物是室内空气最主要的污染物,它由室内装饰、建筑和物体等挥发而来。其来源广泛且停留在空气中的时间较长,对人体的危害很大。甲醛和苯系物等普遍检测到存在于各类建筑室内,浓度也较高。病房中的家具和设备,会挥发出大量的有害气体。人体对室内环境中污染物的敏感程度与湿度有关。

甲醛是常见的一种室内有机类挥发性气体,对人体的直接暴露部分有很强的刺激性,如呼吸道、眼睛、皮肤等。当人体处于含有甲醛的环境中时,易有眼干、眼刺痛等症状。低浓度甲醛对人体的影响不是即刻表现的,而是长期对处于该环境下的人体有慢性的刺激性影响。主要的症状有头晕、恶心、皮肤过敏等,给人们造成不适,并且会对人体造成伤害。长期处于含有甲醛的环境下,易引发其他并发性疾病。甲醛也会对人体的中枢神经造成影响,影响人的感官、肺部功能和免疫系统等。

经实验表明,温湿度对于甲醛的释放有很大的影响。其中温度与甲醛释放速度呈显著正相关性分布,温度越高,家具和建筑材料上的甲醛释放速度越快。不仅如此,湿度与甲醛释放速度也呈线性分布关系。在同等温度条件下,甲醛随着湿度的增加而释放量增加,因为甲醛易溶于水,与空气中的水溶颗粒结合,不断地向空气中释放。当室内湿度从34%变化到70%时,空气中挥发性的甲醛浓度在24 h内增加了3倍。所以控制甲醛挥发的方法是降低温度和湿度。

在同等湿度条件下,甲醛随温度升高而升高的迹象明显,可以说高温高湿环境下甲醛的释放会更剧烈。因此室内的温湿度应保持在一定的范围内,只有这样才能有效地控制住甲醛的挥发。

4. 病房热环境舒适度标准

热环境舒适度,是人体对热环境的主观热反应,是基于建筑室内热环境,结合人的主观感受,方便对室内热环境进行科学评价所提出的概念。1992 年,在美国供暖、制冷与空调工程师协会标准,即 ASHRAE Standard 55—1992 中明确定义:热舒适是指人们对所处热环境表示满意的意识状态,是一种主观性的热感觉。同时,热舒适也被定义为一种在所处环境中既不感到热也不感到冷的舒适状态,即人们在这种状态下会有"中性"的热感觉。

热环境主要包含4个主要的指标,分别为:温度、湿度、辐射温度和空气流速。ASHRAE Standard 55—2004 规定了正常人群的热舒适区间:在活动水平为1.0 ~ 1.3 MET,风速小于0.2 m/s的条件下,冬季服装热阻为1.0 clo 时,人体的舒适温度区为20 ~23.6 ℃;当夏季服装热阻为1.0 clo 时,人体的舒适区为23 ~26 ℃。该舒适温度区是针对健康的人体在确定条件下的舒适区间。针对病人的热舒适区间的研究也可以将热环境分解为这4个指标入手,这4个指标共同作用形成人们的热感觉。

温度是热环境中最重要的一个因素,环境温度和人体温度的差异会导致人体的一系列应激反应。人体对于温度的感觉最为强烈,因为人体维持正常的运行要在一定的温度下,故环境温度与人体温度不同时,人体就会出现血管收缩、抖动、出汗等一系列应激反应,使人体在该环境温度下仍能维持在正常的温度区间内。

湿度是热环境的另一项重要指标,湿度的大小会影响人们对温度的感觉,同时也会影响病人的热舒适状况。湿度影响人体的热舒适感觉主要通过直接作用于暴露的皮肤上,从而影响人体汗液蒸发等。实验表明,湿度越高,人体的汗液越不易蒸发,在同等温度下人体的热感觉更强烈,在主观感觉上温度越高;相反,湿度越低,人体的汗液蒸发越迅速,在同等温度下人体会觉得稍冷。所以人体的热感觉是多种因素共同作用的结果,其中湿度占有很大一部分比例。人体在空气湿度为40% ~50%时感觉

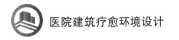

最为舒适。

辐射温度是指环境四周表面对于人体的辐射温度,取决于人体与热源的位置和距离、热源的表面温度和发热方式。在同等的室内环境空气温湿条件下,如果室内表面温度高,人体会增加热感;相反,如果室内表面温度低,则会降低人体的热感。

空气流速是指空气流动时的速度,它的大小会影响人体的热感觉。皮肤表面空气流速越大,越能尽快地带走汗液,促使人体表面降温。但空气流速过大也会对人体造成不适感,会使皮肤表面过度干燥,温度过低,引起人体的应激反应。我国对室内空气平均流速的计算值为:夏季房间内的空气流速宜控制在 0.2~0.5 m/s,对于自然通风房间可以允许高一些,但不高于 2 m/s;冬季房间内的空气流速最好控制在 0.15~0.3 m/s。

综上所述,满足病房的热舒适的各项推荐指标分别为:人体的中性温度趋向于 23~24 ℃,舒适范围以此为轴上下浮动 1~2 ℃,在此温度范围内患者的热舒适满意度较高;湿度为 40%~50% 最为舒适,但上下浮动 10% 以内感觉不明显;辐射温度的差值不应过大,否则会给人体造成强烈的不舒适感,建议热辐射温度差值小于 4 ℃;病房内空气流速应控制在 0.05~0.5 m/s。

4.3.2 热环境疗愈影响

病房的热环境特性主要取决于病房使用者的特殊性。病房的主体使用者为患者,附加一些陪护家属和医院工作人员使用者,但这两者对病房的环境设计不起决定性的作用。病房是患者在医院停留时间最长且负责病中恢复的主要场所,作为患者长期康养恢复的重要医疗空间,其室内环境的设计至关重要,其中热环境是物理环境中的重要一项。患者的特殊性决定了病房的主要设计原则,因此病房的热环境特性是由患者的身体特性和病房的使用特性共同作用形成的。

1. 病人与普通人对热环境的反应机能

不同的热环境对于人体有得热和失热的影响,人体具有自我调节热平衡的能力,以抵抗外界环境的变化。但由于病人的身体机能与常人不同,对热环境的调节能力也不同。人体温度调节运行如图 4.14 所示,在非中性温度情况下,人体需要散发或吸收热量以维持人体的正常温度。

人体的温度不是固定在某一个数值上,而是一天内均有所波动和变化的。当人体应有的正常温度和环境的实际温度有差别时,人体会通过自身机能反应自动出现出汗、发抖或血管舒缩等方式来调节体温。主要通过发抖即肌肉的活动和血管舒缩等动能的消耗来产生热量,通过汗腺的汗液蒸发来散发热量。同时,体内血管舒缩产生热量的同时也会相应地造成热损失。这些人体本能的机体活动用来维持身体的热平衡,使人体能健康、有序地运转。但是,病人由于患病,这些正常的机

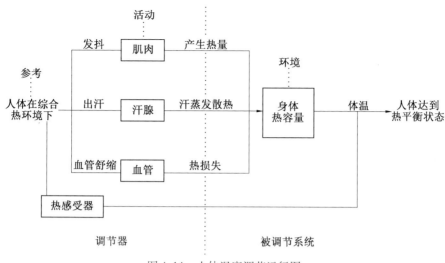

图4.14 人体温度调节运行图

体自行运行会受到干扰。

病人的机体较难随环境温度的变化来调节体温,因为病人的身体反应受到病情的干扰,在散热或吸热的过程中不能像健康者一样进行积极的温度调节作用。例如,术后的患者在住院期间会遭遇寒冷不适,这是由于患者在手术期间身体受到麻醉剂的抑制,且身体在术后需要一段时间才能恢复正常的机能运转。患者在术后体温的降低会使其出现反应迟钝、低血压、心率减慢等状况。这时需要对患者进行人工环境加热,从而使其体温维持在一个需要的范围内。同理,其他种类病患也会出现或多或少对于温度的与常人不同的反应机制。这也是病人比常人感知热环境更敏感的原因之一。

病人由于受到不同的治疗方式和服用药物对身体自身的影响,有着不同的新陈代谢率,对热环境的反应和适应能力与常人不同。这也意味着病人对热环境有着与常人不同的反应和体验,在温度变化时身体的反应能力可能比常人略迟钝或略激烈,这些都会使病人对热环境更为敏感,也意味着热环境的控制对于病人的康复更为重要。

2. 不同病种的病人对热环境的需求

不同病种的病人身体机能不同,受到不同病种的干扰对热环境的需求也不同。室内热环境会影响病人身体的新陈代谢,干扰其皮肤外表面的暴露部位,使呼吸道做出应激反应等,直接暴露于环境的患病部位受较大影响。另外,对于术后病人的影响也较大,因为术后病人的身体机能在手术期还处于恢复状态,易发生寒战等反应,过度的抽搐会对患者的身体甚至生命造成很大的影响。

体温调节中枢位于下丘脑,通过自主神经介导。脊髓损伤后体温调节中枢失去了对于体温的调节作用,因而会出现变温血症,即体温受环境温度的影响而变化。我们常用直肠温度表示人体的"核心"温度。人的直肠温度=人脑温度=肝的温度=右心房的温度+0.6 ℃=食管温度+0.6 ℃=口腔温度+0.4 ℃。在医学中常用核心温度变化来衡量人体的综合体温状况,进而判断健康和生命状况。

在热环境影响病种的分类中,首先要明确热环境对于人体的影响状况,然后再通过明确热环境对人体的作用原理对病种进行分类,找出特殊需求的不同病种。不同病种的病人主要在人体康复和热舒适体验上不同,但因为这两种范围指标也受很多其他因素的影响,所以针对不同病种的研究的整体思路和研究病人整体的热环境指标相同,采用整体比例较大的范围作为普通病房的基本热环境设计参数,将特殊的病种列出相关数据,以备后续和相关的设计研究。有些病种直接受热环境影响,因为患病部位直接暴露在环境下,如眼部疾病、支气管疾病、创伤性伤口等;还有一些病种受潜在的热环境影响,如风湿病、心脑血管病等。这些不同的病种使得病人对热环境的反应程度不同,本书所研究的范围为普通病房,所以要综合这些不同患病人群的病房情况,给出一个较为合理的热环境区间。

3. 病房热环境的人体康复

热环境的人体康复标准是指人体在该热环境条件下有利于促进病情的康复,不会受到不良热环境的干扰而影响人体的恢复和好转。温度的提升会影响人体的新陈代谢,在不同的温度状况下人体的机体运行也略有差别;湿度也会对人体的皮肤表面和呼吸道等与空气直接接触的器官产生影响,这对有相关病情人体的康复都会有直接或间接的影响。

病情不同对不同热环境的康复反应也会不同。热环境特别是温湿度对人体康复的标准影响很大,如压疮和伤口怕潮湿的环境,伤口在干燥、清洁的环境中更易恢复。如果室温过高,室内空气就会变得干燥,呼吸道疾病患者的鼻腔和咽喉容易受到不利影响而充血、疼痛,有时还会流鼻血,延缓病情的康复。对人体康复影响的探讨是必要的,同时根据相应的影响得出热环境的人体康复标准也是非常重要的。

4. 热环境人体康复指标

热环境对于人体康复的影响主要是影响人体的反应机理,同时该反应机理会对当下患者的病情康复造成一定的影响。在基础护理学中,规定病室温度为18~22 ℃,ICU病房温度为20~22 ℃,但经过调查,一些患者特别是手术后的患者在住院过程中会出现发冷、抽搐等现象,严重时还会抽搐不止。这是因为病人在术后身体的机能下降,不能根据病房温度来适当调节身体温度,室内温度大大低于人体中性温度,且病人又不能自身调节。此时,病人的新陈代谢率较低,需要病房内维持在相对较高的温度,使病人的身体置于中性温度中,不会受到干扰和影响。研究表明,50%~70%的外科手术患者在康复过程中都会出现身体温度过低的现象。

人体在较高温度下易头晕且感受到呼吸困难,但一定范围内随着温度的增加血液循环速度加快,人体相对所需的新陈代谢率可不用自身提供,会使病人感觉舒适;在寒冷的状况下,人体血管收缩,心脏的工作负荷加大,心率加快,这种情况下对心脏类疾病的患者有安全隐患;温差变化不能太大是最重要的一个因素,它对老人和高血压患者的影响尤为明显,温度突然降低会导致血管骤然收缩,此时该类人群的脑血液循环易发生阻碍,造成中风等后果。

病房内的温度要维持在一个稳定的、相对温暖的范围内。稳定对于病房来说至关重要,一个良好的热环境是一个中性的环境,让病人不会因为病房内热环境的不适造成过多的身体负荷。在温度变化或过低时,人体要产生相应的活动,如血管收缩、抽搐等,来使人体维持在正常的运行温度内,此时不利于人体康复,无法促进人体自身的新陈代谢和自愈功能。所以病房内的热环境对于人体的康复起着重要的作用。

影响人体对于热环境的客观反映并影响康复状况的主要是新陈代谢率。人体的新陈代谢是指人体对于物质和能量的代谢来维持人体的正常运转。当人体周围的环境温度发生改变时,或者自身的心理状况和活动状况发生改变时,人体的新陈代谢会发生相应的变化。实验表明,人体在较低温度(20 ℃)和较高温度(30 ℃)下新陈代谢率都会增加。新陈代谢率维持在一个较为稳定的水平最适宜人体康复,这使得人体不会有过多的负荷,并且适当的新陈代谢率能促使人体自愈,促进人体康复。

病人特殊的身体状况使其对热环境有着与健康人不同的需求,不同的病种对于热环境也会有不同的需求。因为不同病种的病人身体受创不同,需要的康复指标和舒适度指标也不同。舒适度指标还受到其他多种因素,如性别、年龄、身体强弱程度等很多因素的影响。所以不同病种对热环境的不同要求主要取决于不同的康复要求。不同病种的病人有特殊的需求,如风湿病人需较高的温度与较湿的湿度。ASHRAE handbook 在 1999 年的 HVAC Applications 中给出了一些疾病的适宜康复环境(表4.3),可以看出除烧伤和头部受伤的病人外,一般的病人喜欢偏暖且湿度适中的热环境。护理单元的适宜温度范围为 24 ~ 27 ℃,湿度范围为 30% ~ 60%。

表4.3　各病种对应的适宜康复环境

病种	温度	湿度
一般性呼吸道急性病	—	30% ~ 60%
心肺功能不全(需吸氧)	较暖	较湿
慢性肺病	较暖	较湿
心脏病	不能太热和剧烈变化	—
头部受伤	凉爽	干爽
风湿痛	32 ℃	35%
烧伤	32 ℃	95%
手术后	24 ~ 25 ℃	—

4.3.3 医院建筑热环境疗愈性设计

1. 适宜的热环境设计——界面材料

患者接触不同材质的界面会影响热感知效应,这种感觉更为细腻、微妙、深刻,往往更能触动人心,只有合理选择医院景观材质才能创造良好的触感。室外选择有利于通行的地面材料,人行道路的铺装材质应选择路面平坦、利于行走、没有危险性,又具有防滑作用的材质,不宜选择松散或凹凸很大的材料。对患者有可能会触摸到的部位,应选择触感温暖舒适的材料,如木材,宜用作楼梯的扶手或休息座椅等。条石凳、钢筋混凝土磨石面的座椅坚固耐久,但因其冬季冷硬,不宜在北方医院庭院中广泛使用。

2. 适宜的热环境设计——细部质感

为患者创造更多的触觉体验机会,提供可以充分接触的氛围和空间,设计令人温暖的质感和细部,既安全又可触摸的环境,能够唤起使用者的兴趣去触摸、去感受;让患者与植物、水体、小品等景观元素亲密接触,调动患者的积极性和参与性,使其与景观环境交流沟通,为患者提供舒适的触觉环境,如美国撒玛利亚黎巴嫩社区医院室外庭院(图4.15);水池的高度以坐在轮椅上可以触摸到喷泉为宜;种植柔软下垂、无刺无毒、形态有趣的植物品种;等等。杜塞尔多夫大学临床中心的攀岩墙的设置为患者增加了触觉体验,提供了锻炼的机会,促进了康复治疗(图4.16)。

图4.15 撒玛利亚黎巴嫩社区医院康复庭院
(图片来源:https://www.kurisu.com/project/samaritan-lebanon-community-hospital)

图4.16 医院中的攀岩墙
(图片来源:李士青的《艺术治疗学与现代医院环境设计探讨》,第18页)

4.4 空气质量疗愈性

城市是人类活动与环境互动的核心区域,聚集了大量社会资源,人口拥挤。城市发展伴随着人口激增,现有自然环境面临严峻挑战。空气污染是与城市居民关系最直接且影响范围广泛的环境污染类型。

此外,据统计,慢性呼吸系统疾病已成为全球主要的疾病类致死病因。在我国,空气污染同样被视为城市居民主要的健康威胁。据WHO(世界卫生组织)中国数据显示,空气污染致死率远高于道路交通致死率。呼吸系统疾病成为我国城镇居民主要疾病死亡率中的四大致死病因。由此可知,空气污染成为我国居民不可忽视的身体健康的主要威胁之一。

建筑室内空间作为城市居民的主要生活场所,基于室内空气环境质量的视角合理规划与布局空间、优化通风环境,对于营造健康友好的室内环境具有积极效益。

现有研究显示,城市居民大约有80%以上的时间处于建筑室内。相较于室外环境,室内环境相对闭塞,空气流通与交换相对薄弱且存在诸多空气置换盲区,加之大量的人群活动及生产生活内容,加剧了室内空气环境的恶化。现阶段我国医疗就诊需求高,综合医院存在就诊人群数量过高、就诊压力过大、就诊时间过长等问题,导致医院长时间滞留大量人群,属于人群密集汇聚场所。2018年我国卫生健康事业发展统计公报显示,全国医疗卫生机构门诊量多年持续增长,2018年同比增长1.6%,达到83.1亿人次,其中三级医院诊疗人数约为18.5亿人次,占比22.3%。医疗效率不能匹配合理的就诊人数,导致医院室内人群密度过高,就诊时间过长,医院室内空气环境受到严峻挑战。

医院作为一个功能类型多样且流线复杂的综合体,其内部的空间组织相对密集且紧凑,内部空气流通、置换相对薄弱。同时,人群密集加剧了空间的拥挤,导致空气污染源的影响更为严重。即使医院有良好的新风系统,但作为一种弥补措施,并不能在根源上解决空气环境的相关问题。另外,受限于复杂的医院内部空间形态,其效益也会有所降低。不良的空气环境对于人的生理健康存在威胁,对于人的心理健康也呈现负面效益。在医院空间内,人对于可感知的空气环境问题大多呈现出相对强烈的负面行为,促使就诊人群出现心理焦虑及不安,同时对诊疗过程产生不良影响。

医院就诊人群大多属于自身污染源,同时也属于易感人群,空间流线的交叉导致多种医疗流程线路的混合,促使人作为污染源的空气污染因子效益扩大,内部空气环境问题加剧,交叉感染的概率提升。医院感染现已成为严重的社会问题,我国医院感染病例中呼吸道疾病是首要病例类型,医院室内空气环境现状较为严峻。

此外，除了病菌污染外，空气颗粒污染与空气化学污染也因医院庞大的人群聚集及特殊的空间功能需求而显著加剧，医院的室内环境对于就诊人群的健康威胁相对严重。

4.4.1 空气质量评价标准

综合医院候诊空间的空气环境整体评价的主要指标是空气环境满意度和空气环境可接受度。

1. 客观评价

基于我国《室内空气质量标准》(GB/T 18883—2022)，室内空气质量研究主要从空气环境的化学性、物理性、生物性及辐射性4个维度出发。空气环境的物理性指标主要包括温度、风速、新风量及相对湿度等，现有的研究主要涉及空气温度与风速两个指标，因此本书同样选用空气温度与风速作为模拟指标。在空气环境的化学性指标方面，医院环境中的气体污染物种类及污染源的分布相对多变且复杂。在综合医院候诊空间中，化学性污染物主要有CO_2、甲醛、CO及可吸入颗粒物等。由于寒地城市综合医院供暖期间自然通风较弱，室内外的空气交换相对薄弱，室内聚集的大量人流导致CO_2浓度显著增加，成为医院室内环境的主要空气污染物。对于甲醛、CO、可吸入颗粒物等污染物而言，现有研究表明，室内甲醛的污染源主要是室内装饰及家具等；室内CO的污染源主要是室内烹饪、室内设备及室外环境；室内可吸入颗粒物的污染源则主要是室外环境及相关设备等。在候诊空间中，这些污染源的出现存在相对的偶然性，并非普遍而长期的高浓度存在，常伴随特定的医疗行为。而高浓度的CO_2水平在较高的人群密度及相对闭塞的候诊环境中是普遍而长期存在的现象。因此，本书选用CO_2作为化学性指标。对于生物性与辐射性方面的研究以实地测量的方式为主要手段。生物性与辐射性的研究难度和成本相对较高，对检测仪器及相关生物培养环境的要求同样较高。生物性与辐射性的研究过程更为复杂，影响因素更为多样。

对于医院室内空气环境方面的研究主要集中于医院各类室内空间环境中空气成分检测、空气污染缘由分析及其相关影响因素的实证研究。由于医院环境相对特殊，其室内空气成分的种类相对多样，空气污染类型相对复杂，其研究内容大多涉及对室内空气成分中的生物因子、化学因子、颗粒物质等一种或多种的检测及分析。

相关研究表明，医院室内空气污染与室外环境污染的相关性，基于污染物的类型而产生差异，尤其表现在空气成分中的化学因子与颗粒物质方面。对于空气污染物中的化学因子，室内与室外的空气污染关联性较弱，其来源主要为室内污染源及相关活动，同时与室内的设备设施状况有关。而对于颗粒物质，室外环境污染显著影响室内环境,尤其在温暖季节,室内外 PM2.5 和 PM10 浓度的相关性显著。此外,相较于 PM1 和 PM10,室内 PM2.5 对于室内空气质量的影响最为显著。

2. 主观评价

主观评价是医院室内空气质量研究的重要课题。室内空气质量常被认知为室内空气污染物的单项或多项浓度指标,忽略对于居住或使用人群的关注。1989 年,哥本哈根大学教授 P. O. Fanger 提出将高品质空气环境定义为使用人群对于室内空气环境的整体感知良好。这种定义方式将室内空气质量完全解释为处于室内的人群对于空气环境的主观感知,突破了传统认知的室内空气质量。

良好的室内空气质量被定义为空气中没有已知的污染物达到公认的权威机构所确定的有害浓度指标,并且处于这种空气中的绝大多数人(≥80%)对此没有表示不满意,体现了主观与客观相结合的评价与认知视角。1996 年,ASHRAE 颁布修订版 ASHRAE 62-1989R,提出可接受的室内空气质量(acceptable indoor air quality)与可接受的感知室内空气质量(acceptable perceived indoor air quality)两个概念。可接受的室内空气质量被定义为室内空气中污染物水平达标且多数人对于空气环境的评价没有不满意。可接受的感知室内空气质量被定义为室内多数人没有因空气异味和刺激性而感到不满意。这两个室内空气质量相关概念涵盖了人的主观感知及数据化的客观检测指标,受国际各方面认可。

主观评价主要依靠以下几种方式。

(1)实地访谈。

要求调查员面对面询问受访者,并相互交流。调查员会基于事先准备好的问题积极引导受访者表达对候诊空间空气环境的感知情况。通常的方法包括结构化访谈与半结构化访谈。由于结构化访谈会使受访者始终处于被动的采访模式,并不利于受访者自由地表达内心的想法,因此本研究的前期实地访谈采取半结构化访谈形式,主要致力于引导受访者更为全面地表达对候诊空间空气环境的看法。访谈提纲基于现有的文献资料及相关的专业人士指导完成,尽量包含本研究范围内候诊人群的全面认知。在访谈过程中,调查员会积极营造轻松舒适的访谈环境,缓解受访者的紧张感;会适当地启发、引导受访者真实准确地表达内心的想法。此外,调查员会根据受访者的回答内容不断补充、完善访谈提纲,尽量让研究所涉及的内容更全面、有效。

(2)请受访者填写量表。

量表具有良好的表达形式及较高的信度,是社会学与心理学研究领域中普遍认可的调查手段。量表作为一种测量工具,是基于主观认知的视角,对事物进行评价测量,并具备结构强度。社会调查中经常使用的量表有李特克量表(Likert scale)、语义差异量表(semantic differential scale)和瑟斯顿态度量表(Thurstone attitude scale)等。其中,李特克量表是基于总加量表改良而成的,其调查问题基于陈述表达且选项形式更为简洁易懂,故而相较于其他量表,其设计过程更为精简、高效,更容易让被调查者理解研究内容。此外,量表也可用于测量某些难以准确度量的特殊概念或态度,因而具有更广泛的使用范围。在信度方面,李特克量表的选项设置可以使被调查者快速而准确地判定自身所在的位置,具有更高的准确性和信度。李特克量表的选项设置一般由5个等距的选项组成(选项数量有3个或7个),表达了对问题从负面到正面的回答,分别记为1~5分,量表得分范例见表4.4。调查员可以基于对数值的计算来了解被调查者对某问题的总体态度及比较不同群体的态度差异等。

表4.4 量表得分范例

调查内容	厅式(SD)	廊式(SD)	均值差异(厅-廊)	p-value
空气沉闷感	2.87(0.85)	3.02(0.73)	-0.15	0.122
空气新鲜感	2.93(0.85)	3.13(0.72)	-0.20	0.059
空气异味感	3.59(0.98)	3.93(0.79)	-0.34	0.003**

注:**表示显著相关性 $p<0.01$。

对于空气质量的问卷,本书给出了范例(表4.5)。问卷内容由一般的基础问题和更为深入的具体问题组成,同时将最为关键的重要问题前置,确保关键问题调研结果具有较高的准确性。

表4.5 问卷内容设计及其缘由

类别	相关问题	设置缘由
候诊行为特征	候诊时长 主要候诊时间段 候诊频率	了解候诊人群的候诊状态,并探索其对空气环境评价的影响
整体空气环境	空气环境满意度 空气环境可接受度	认知整体空气环境的感知评价现状
感知空气环境因素	空气沉闷感 空气新鲜感 空气异味感	通过对空气环境的感知因素评价,探究其对于整体空气环境评价的影响及程度

续表4.5

类别	相关问题	设置缘由
其他物理环境因素	整体环境满意度 声环境满意度 光环境满意度 感知温度舒适度 感知湿度舒适度	探究空气环境对整体环境的影响及空气环境评价与其他物理环境评价的关联性
候诊情绪状态	候诊焦虑度 候诊愉悦度 候诊活跃度	调查候诊人群的情绪状态因素,探索人的情绪状态对于空气环境评价的影响
人口社会因素	年龄 性别 学历 工作状态 具体医疗身份	探究候诊人群的自身社会属性对于空气环境评价的影响
其他	不同气味类型的感知情况 候诊人群的身体健康状况	调查候诊空间的气味种类及其感知情况 探究空气环境与候诊人群身体健康状态的影响

量表主要由以下内容组成。

①被调查人员的社会背景信息,如性别、职业等。

②候诊行为,如候诊时长、候诊频率及主要候诊时间段。

③空气环境感知,如空气环境满意度、可接受度及空气沉闷感、新鲜感、异味感。

④整体环境满意度及其他物理环境感知,如声环境、光环境等。

⑤候诊情绪状态,如候诊焦虑度、愉悦度、活跃度。

4.4.2 空气质量疗愈影响

研究表明,医院室内空气质量与室内的人类活动存在相关性。人作为污染源,其特定的活动对于医院室内空气环境的影响较为广泛。医院作为诊疗、护理的场所,存在诸多方面的健康保健活动,如酒精消毒、医疗制品的使用等,其对于高浓度的室内空气污染具有显著影响,尤其在化学因子方面。另外,研究证实了住院人群密度和病房中人群数量是影响空气中细菌水平的关键因素,且医院床层数与空气中真菌浓度显著相关,与细菌无相关性。

大厅空间和走廊空间的空气环境不满意率低于20%。走廊空间的空气环境满意度显著高于大厅空间,增加0.31;然而,两者的空气环境可接受性相似。另外,空气闷热是影响空气环境满意度的最重要因素。同时,人群密度和等待时间只影响对大厅空间的满意度。对人群密度的满意度阈值约为1人/m^2。参与者对声学环境和空气环境的满意度最低,这些满意度密切相关。在大厅空间,空气环境满意度越高,焦虑程度越低,愉悦程度越高。年轻参与者体验到的空气环境满意度显著高于年长参与者,增加了0.39。在走廊空间中,患者和女性的空气环境满意度高于陪护人员和男性,分别提高了0.62和0.31。

在空气环境满意度方面,厅式和廊式候诊空间的空气环境满意度评价分布图如图4.17所示。厅式空间的空气环境满意度评价均值为3.18,在"适中"与"满意"之间。评价分布主要以"适中"(48.0%)和"满意"(31.3%)为主,其次为"不满意"(16.8%)、"非常满意"(2.8%)及"非常不满意"(1.1%)。廊式空间的空气环境满意度评价均值为3.49,同样在"适中"和"满意"之间。评价分布以"适中"(48.8%)和"满意"(39.3%)为主,其次为"非常满意"(7.1%)和"不满意"(4.8%)。其中,廊式空间的空气环境非常不满意率为0。此外,廊式空间的空气环境满意度显著高于厅式空间($p<0.01$),评价均值提高0.31。这说明候诊人群对于廊式空间的空气环境更为满意,这可能是由于廊式空间的物理环境相对稳定,受外界的影响较小。同时,由于廊式空间的人群密度相对较低,这同样易于让候诊人群得出更为良好的评价。虽然廊式空间与厅式空间的空气环境满意度评价存在显著差异,但两种类型候诊空间的空气环境满意度均值均在适中以上,同时空气环境的不满意率均小于20%,符合"可接受的感知空气环境品质"。这说明候诊人群对于综合医院候诊空间的空气环境整体满意度较好。

除了空气环境满意度以外,空气环境可接受度同样是评价空气环境的重要内容。空气环境可接受度是指人接触空气环境,基于自身的认知及承受能力,判断空气环境是否是可以被接受的。厅式和廊式候诊空间的空气环境可接受度评价分布图如图4.18所示。在厅式空间中,空气环境可接受度的评价均值为3.70,处于"适中"和"尚可接受"之间,评价分布主要以"尚可接受"(48.6%)和"适中"(39.7%)为主,其次为"不太接受"(6.1%)、"完全可接受"(5.6%),其中"完全不接受"的占比为0。在廊式空间中,空气环境可接受度的评价均值为3.54,处于"适中"和"尚可接受"之间,评价分布同样以"尚可接受"(45.2%)和"适中"(40.5%)为主,其次为"完全可接受"(13.1%)和"不太接受"(1.2%)。同样,廊

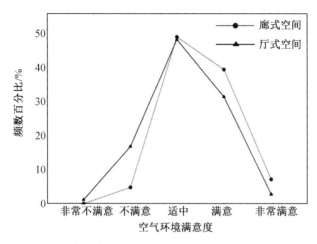

图 4.17　厅式和廊式候诊空间的空气环境满意度评价分布图

式空间中的"完全不接受"占比为 0。此外,廊式和厅式两种类型候诊空间的空气环境可接受度的评价差异不显著。同时,两种类型候诊空间的空气环境可接受度均在适中以上。这说明候诊人群对于候诊空间空气环境的接受水平相对较高。虽然在空气环境满意度方面,候诊人群对厅式空间的满意度较低,但对于厅式空间空气环境状态呈现出乐观的态度,人们对于医院室内空气环境的接受能力普遍较高,这说明候诊人群对于医院室内空气环境的认可度较高。

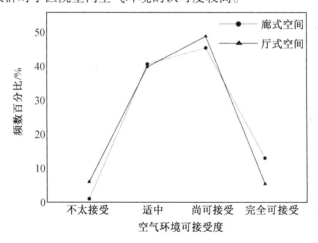

图 4.18　厅式和廊式候诊空间的空气环境可接受度评价分布图

对比两种类型候诊空间的空气环境满意度与空气环境可接受度之间的相关性及差异可知,厅式和廊式候诊空间的空气环境可接受度与满意度均呈现显著相关性($p<0.01$),相关系数分别为 0.589(厅式)、0.571(廊式)。这说空气环境的满意

度与可接受度关联密切,满意度提高,可接受度也随之提高。在均值差异方面,空气环境可接受度均显著高于空气环境满意度($p<0.01$)。这说明候诊人群对于空气环境的可接受度阈值低于满意度阈值,人们对于医院空气环境的承受限度较高。这可能受到人们对于医院室内空气环境的普遍经验认知的影响。在访谈过程中,候诊人群普遍认为医院候诊空间的空气环境"相对较差",但是人们也认知到医院建筑的特殊性,"可以忍受"相对较差的医院室内空气环境。这说明人们对于不理想的医院室内空气环境有足够的心理预期,当现实的空气环境状况没能触及候诊人群的承受极限时,人们更倾向于乐观地接受。因此,即使在空气环境满意度不高的情况下,空气环境可接受度也呈现出较高水平。

在感知空气环境方面主要调查候诊人群对于空气环境状态的主观感受。本书基于文献研究及访谈结果,将感知的空气环境状态主要区分为空气沉闷感、空气新鲜感及空气异味感。3种感知空气环境因素的评价及差异见表4.6。在厅式空间中,空气沉闷感的评价均值为2.87,空气新鲜感的评价均值为2.93,空气异味感的评价均值为3.59。这表明在厅式空间中,空气沉闷感的评价最差,处于不满意的状态;空气新鲜感的评价相对适中;空气异味感的评价最好,处于相对满意状态。在廊式空间中,空气沉闷感、空气新鲜感及空气异味感的评价均值分别为3.02、3.13、3.93。相较于厅式空间,廊式空间的3种感知空气环境因素的评价均在适中以上,这说明廊式空间中的感知空气环境因素更好。均值差异比较结果表明,空气沉闷感和空气新鲜感的差异不显著,仅有空气异味感差异显著($p<0.01$),廊式空间中的空气异味感评价显著优于厅式空间,评价均值提高0.34。

表4.6 3种感知空气环境因素的评价及差异

感知空气环境因素	厅式(SD)	廊式(SD)	均值差异(厅-廊)	p-value
空气沉闷感	2.87(0.85)	3.02(0.73)	−0.15	0.122
空气新鲜感	2.93(0.85)	3.13(0.72)	−0.20	0.059
空气异味感	3.59(0.98)	3.93(0.79)	−0.34	0.003**

注:**表示显著相关性 $p<0.01$。

在两种候诊空间中,空气异味感的评价均显著高于空气沉闷感及空气新鲜感($p<0.01$),这表明空气异味感在两种候诊空间中均被认为是最好的。此外,在两种候诊空间中,空气沉闷感、空气新鲜感及空气异味感均与空气环境满意度评价存在显著正相关性。空气环境满意度与3种感知空气环境因素的多元回归分析见表4.7。厅式空间中的空气沉闷感、空气新鲜感及空气异味感均是空气环境满意度评价的影响因素,但在廊式空间中仅有空气沉闷感及空气新鲜感影响空气环境满意度评价,空气异味感的影响不显著。此外,在厅式空间中,空气沉闷感对于空气环境满意度的影响程度最高,其次为空气新鲜感。在廊式空间中,空气沉闷感对于空

气环境满意度的影响同样最高。这表明在感知空气环境因素方面,空气沉闷感是两种类型候诊空间中空气环境满意度最为主要的影响因素,候诊人群评价候诊空间的空气环境主要取决于候诊人群对于沉闷空气的感知水平。

表4.7　空气环境满意度与3种感知空气环境因素的多元回归分析

	标准化系数	t	p-value
厅式空间:$F=19.696$,$p<0.001$,$R_{adj}^2=0.240$			
空气沉闷感	0.299	3.903	0.000**
空气新鲜感	0.175	2.232	0.027*
空气异味感	0.151	2.012	0.046*
廊式空间:$F=18.688$,$p<0.001$,$R_{adj}^2=0.390$			
空气沉闷感	0.447	4.843	0.000**
空气新鲜感	0.282	3.037	0.003**
空气异味感	0.118	1.352	0.180

注:F代表方差检验量,p代表相关性系数,R_{adj}^2代表校正决定系数,**表示显著相关性$p<0.01$,*表示显著相关性$p<0.05$

4.4.3　医院环境空气质量疗愈性设计

1. 清新的嗅觉景观设计——消除不良气味

医院中的消毒剂味、床用便器、卫生间等会产生多种不良气味,使病人难以适应,常引起厌烦、恼怒情绪。消除不良气味有利于患者的身心健康。在病房中设独立卫生间有助于及时清理;医院的废弃排泄物及医疗垃圾应及时清理;室内要多开窗通风换气,改善空气质量;营养厨房作为强烈气味的来源之一,不但要根据风向选择适宜位置,还要设计恰当的通风系统,防止将过强的气味传播到附近的护理疗养区。

2. 清新的嗅觉景观设计——营造宜人香气

香气能影响人的情绪,改善人的生理和心理反应,宜人的植物芬芳有助于病人的康复。营造宜人的香气主要表现在室内外的绿化配置上。具有较强吸收气味能力的植物,可以净化空气,消除异味。许多植物散发的香味具有很强的药疗作用,由此产生了芳香疗法,其主要作用机制是芳香分子和心理反应交互作用,达到治疗的效果。可在庭院种植恰当的草药,使其散发出来的芳香气味起到镇定神经、消除紧张情绪的效果。例如,马林总医院癌症中心冥想花园中种植了各种治疗癌症的药用植物,还编制了一些讲述有关治疗性植物知识的手册,让病人在享受嗅觉体验的同时了解更多医疗常识(图4.19)。

图 4.19　马林总医院癌症中心冥想花园

（图片来源：*Hush magazine*，p36-40）

4.5　本章小结

　　医院是最常见的疗愈类建筑，也是满足人们日益增长的健康需求和疗愈要求的重要公共建筑类型，有关环境疗愈作用的研究在医疗康养类建筑中已广泛开展，由此可见，疗愈作用在医院建筑中越发重要。

　　本章探讨了医院建筑环境的疗愈性，主要体现在声环境、光环境、热环境和空气质量4个物理环境方面，并分别对每个方面的评价指标、如何影响疗愈环境及优化设计策略进行了具体描述与分析。声环境包括客观指标和交互指标，声源类型差异会引起人们对环境舒适度评价的差异，并且声环境会与视觉及热环境产生交互作用，相互影响，声环境的适宜能够有效减少烦恼；光环境包括自然光和人工光，除了满足日常活动照明之外，疗愈人员更需要自然采光来提高疗愈效果；热环境评价内容包括世界卫生组织标准和舒适性热环境标准，热环境与微生物的生长有着密切的关联，热环境的稳定与舒适是医疗建筑环境疗愈性的重要环节；空气质量评价指标包括空气成分指标和主观评价指标，空气质量直接影响疗愈人群在医院内停留过程中的空气环境满意度，空气质量保持良好能够提升使用者的满意度。

　　综上所述，医院建筑环境的疗愈性与上述4种物理环境息息相关，任何一种物理环境的稳态遭到破坏都会影响疗愈环境的舒适度和疗愈性。

第 5 章　医院空间环境疗愈性设计

5.1　空间协调化设计

5.1.1　空间选址

在中医疗法空间的选址问题上,要给患者提供一个相对恬淡静谧的空间氛围,促进患者静心凝神,达到良好的治疗效果。而由于中医疗法本身的时长特点和私密性需求,也需要中医疗法空间选择在医院内相对安静的区域。

首先,对于中医医院整体的空间选择来说,宜选择在环境良好、自然景色优美的位置。例如,华盛顿州圣胡安岛医疗中心位于原始森林、山坡和大面积的湿地附近,此处生态、地形和植被保存完好,医院密切地与周围环境融合(图5.1、图5.2)。

图5.1　圣胡安岛医疗中心外景　　图5.2　圣胡安岛医疗中心选址
（图片来源:Mahlum 事务所）　　（图片来源:Mahlum 事务所）

其次,对于中医疗法门诊来说,应尽量选择在走廊的尽端或者人流不十分密集的区域。例如,黑龙江中医药大学附属第一医院将推拿科和针灸科分别设置在建筑东北侧端部,并在空间上做二次处理,即在走廊与诊室之间设置一道隔墙,有效地遮挡了无关人流的视线干扰,还设置了二次候诊的等待席位,使正在治疗的患者不会被候诊患者所影响(图5.3、图5.4)。

图5.3　黑龙江中医药大学附属第一医院针灸科候诊大厅　　图5.4　黑龙江中医药大学附属第一医院推拿科候诊通廊

最后,根据中医理论和《黄帝内经》记载,中医疗法空间应选择医院低层,以一层、二层为宜。因此,中医诊疗室应设置在低层,并在条件允许的情况下配以中庭、庭院等园林式的造景,有助于空气的良好交换和治疗效果的充分发挥。例如,黑龙江省梨树县中医院内部中医疗法门诊处于医院第二层,针灸室、按摩室等直接诊疗空间均围绕中心庭院布置,并在庭院内进行园林造景,使接受治疗的患者能直接与外界进行空气的交换和自然景色的视线对接(图5.5)。

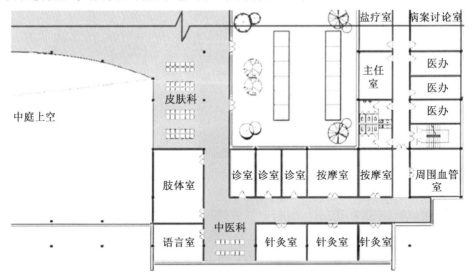

图5.5　黑龙江省梨树县中医院治未病中心平面图

5.1.2　空间容量设计

象数思维是中医学思维方法的核心,中医学的象数思维有两种含义,一是在草方、脉诊中使用的具体的精确到单位的定量之数,二是在疗法、断病中使用的抽象的表象一定病变的定性之数。这种象数思维在中医学中的广泛应用,使得中医学有了相对的定量特性,在一定程度上平衡了中医学无定量、只定性的弊端。在疗法空间容量的确定方面,取"象"运"数"的思维方式同样适用。

1. 候诊空间

目前大多数诊疗空间外没有专属的候诊空间,多是在狭窄的走廊上摆几张等待座椅,没有细致的空间处理和划分,座椅摆放也很随意和简单,这些都在无形之中给患者的就医过程带来焦躁和负面的心理压力(图5.6、图5.7)。本书从候诊空间和诊疗空间两部分进行设计对策的提出和说明。

图5.6　沈阳市中医院治未病中心候诊区　　图5.7　长春中医药大学医院治疗室候诊区

候诊空间的规模应结合相应科室的日均门诊量和患者对空间大小的需求来确定,据此,作者采用以下公式来计算候诊空间的座位数,即

$$(2P \times D - E) + L = S \tag{5.1}$$

式中　P——各医生每小时平均病人数量;

　　　D——医生数;

　　　E——诊室数;

　　　L——延时人数。

　　　S——座位数;

通过诊室座位数可推算出诊室的面积需求,约为 1.7 m^2/人,同时也应考虑空间形状及位置的影响。此外,合理的人流导向也可以提高空间的使用效率,减少面积的浪费,在候诊区设置读物、多媒体、茶水等服务,可有效提升患者对候诊的满意度。

医院候诊空间的尺度控制是空间营造的第一步,空间尺度是候诊空间给予患者的第一印象。空间的尺度设计除了考虑人流量之外,还应当考虑空间对于患者的影响。场所尺度的不适合,会引起患者心理上的不安因素。通过本次调研发现,集中候诊空间的面积一般较为宽敞明亮,但是空间略显空旷。而二次候诊区域,多以走廊式候诊为主,在不影响走廊上人流正常通行的前提下,座椅通常只能单排摆放,造成空间内拥挤的局面。在二次候诊区域,应适当做出集中式的候诊区域,在候诊空间的面积分配中,应根据就诊人员分配比例来予以考虑,如医院的大科室、强项科室、专项科室应给予重点考虑;专家门诊应提高空间的容积。不同的使用人数应配备不同的空间容积。避免不考虑使用者的行为心理而进行模式化、标准化设置。

医院候诊空间配套设施的完善,能够给患者带来归属感。在候诊空间内设置电视、报刊架、健康知识宣传、艺术品和绿色植物等,都能为患者提供更好的候诊体验。多种多样形式的引入,也给患者提供了更多的选择,能够分散患者的注意力,减少患者对疼痛的感知;促进患者就诊的有序进行,减少不必要的行为对患者的影响。另外,医护人员的关心,也是患者减少压力的主要途径。开放式的护士站,与候诊空间紧密结合,方便了患者随时向护士咨询就诊的相关问题。最重要的是候诊空间的尺度和材质的选择,要舒适性与实用性并重。特殊群体的需求也是环境营造应该考虑的问题,老人、儿童、孕妇、使用轮椅的患者等,空间内应为他们提供相应的设施。候诊空间内疗愈环境的营造为患者提供了一个更好的等候场所,是医院建筑的一个正向的发展趋势。

2. 治疗空间

比较中医与西医的医师的诊疗速度可知,中医医院的患者需滞留相对较长的时间,这就意味着在等量患者的情况下,中医医院门诊部同时接纳的人数要多于西医院。因此,中医医院的诊疗空间、候诊空间及公共空间在规模上应大于西医医院,对候诊环境也有更高的要求。另外,在附属于诊室的中医疗法空间设计中,由于中医治疗时间较长,患者多带有陪护人员,并且医生在诊疗过程中也多是传统中医学的"师傅带徒弟"的教授模式,因此中医疗法诊室的面积需稍大于其他诊室。每位门诊医师每小时工作量比较见表5.1。

表5.1 每位门诊医师每小时工作量比较

科别		外科	皮肤科	耳鼻喉科	内科	妇科	眼科	儿科	痔瘘科	针灸科	骨伤科	按摩科	传染科	口腔科	平均
门诊人次	中医				5					4	2.5				4.5
	西医	7			6			5					6	3	5

目前常见的诊室空间为40~50 m²,能够容纳下一张诊桌,医生、实习生、患者和陪护人员的座椅若干,以及数张诊疗床位,再加上空间内软隔断的分隔、医用推车和备品的储藏空间,常见的诊室空间较为局促。中医院诊疗空间面积与床位数现状见表5.2。

表5.2 中医院诊疗空间面积与床位数现状

医院名称	针灸科面积	床位数	推拿科面积	床位数
黑龙江中医药大学附属第一医院	36 m²/间	4个	100 m²/间	4个
长春中医药大学附属第一医院	32 m²/间	4个	40 m²/间	4个
沈阳市中医院	370 m²/间	26个	250 m²/间	22个
辽宁省中医院	45 m²/间	7个	64 m²/间	10个
梨树县中医院	52 m²/间	6个	40 m²/间	6个
青岛市海慈医院	45 m²/间	6个	55 m²/间	6个

中医医院的按摩床位数及其面积大小应根据日诊量确定,通过统计分析医院床位数与面积的数据得出,面积与床位数呈现线性增长的变化(图5.8)。根据中医疗法的不同,治疗空间有不同的治疗器械的需求,相应也有不同的空间容量需求。中医疗法器械及疗法空间示意见表5.3。

另外,应考虑诊室内走道间轮椅通行的可能,保证身体无法自由移动的病人可以从诊疗室外顺利地直接过渡到治疗床上。

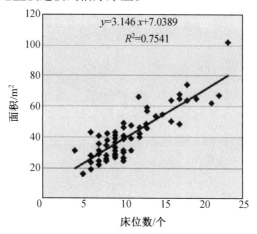

图5.8 中医诊疗空间床位数和面积趋势线

表 5.3　中医疗法器械及疗法空间示意　　　　　　　单位:cm

项目	所需空间示意图		
家具所需空间大小	按摩床	推拿床	脚踏按摩床
	针灸椅	正骨凳	针灸床
中医疗法所需空间大小	按摩	推拿	牵引
	脚踏按摩	小儿捏脊	正骨

标准化的诊疗空间设计，统一了各诊室室内空间，使医护人员在进入诊室时，能第一时间对工作内容做出反应，提高医护人员的工作效率，降低医护人员的工作强度，缓解医护人员的疲劳与压力。高品质的配套设施也是必不可少的。医护人员经历长时间的工作，需要适当的空间休息。良好的配套设施能够使医护人员的身心得到更好的放松，在工作中保持良好的心态，从而更好地投入工作中，给予患者安全感和温馨感。

5.2　空间平衡性设计

5.2.1　包容性空间设计

对于容纳有中医疗法空间的治未病中心或中医康复保健部来说,在确保不同的疗法可以正常运行时,还要兼顾动静空间的平衡布局,创造开敞性与私密性并重的包容性空间。空间的私密性应根据功能类型来确定,在满足基本功能需求的情况下,应注重私密性的自然过渡,增加空间的多样性,做到动静相召,包容并济。

1. 开敞的交往空间

治未病中心内的疗法空间所接纳的患者基本为亚健康状态人群,该群体身体相对健康,并无实质性的器质性病变,就诊心情相对愉悦,多为抱有休闲健身的目的进行治疗。对于治未病中心的空间设计,除了针对患者一对一的治疗空间外,更应注重对患者与陪护人员的交往空间、医生与患者之间的交往空间甚至是患者与患者之间的交往空间的设计。

2. 独立的治疗及陪护空间

根据调研问卷的结果,患者对中医疗法空间环境的需求大体上分为两类,一类是渴望在治疗过程中与陪护人员交流和聊天,另一类则更希望独自小憩或者进行私人的活动。对于第一种类型的患者,需要在诊室中单独布置患者与相应陪护人员的治疗空间,而对于第二类的患者,则更适宜为陪护人员设置单独的娱乐聊天场所。在疗养型建筑中,空间的设计应考虑到陪护人员的休息和生活需要,如设立活动空间和探视空间,以供陪护人员和患者休息、休闲,以及进行接待探视亲友等活动,从而营造较好的疗养氛围,同时减少对其他患者的影响(图5.9)。

5.2.2　均衡适度的物理环境设计

在空间的物理环境设计中,需要配合疗法所需的顺势因时的指导思想,为患者创造自然的、舒适的空间环境。

1. 声环境设计

(1)降低噪声。

随着现代噪声声源的增多,人们的生活、工作、学习会或多或少地受到噪声的干扰,使情绪受到负面影响。对于中医诊疗空间来说,噪声会对患者产生更大程度的损害,如走廊内通行的人流声、孩童的吵闹声、周围人群嘈杂的谈话声,甚至是时刻在运转的设备机械声,都会对空间使用者产生影响,尤其在进行中医疗法治疗时,噪声不仅会影响患者精力的集中,更会使医生在进行望、闻、问、切四诊时产生

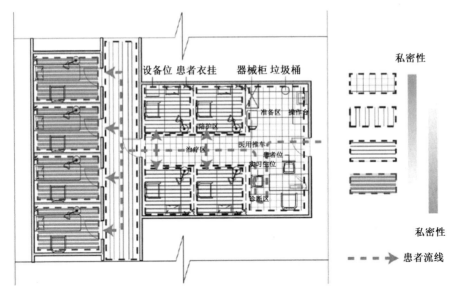

图5.9 黑龙江省中医院治未病中心平面图

强烈的干扰,对病人诊病、断病产生消极的作用。减少治疗空间噪声应该主要从诊疗空间位置的选择、门窗材质的选择和形式、空调设备、室内装饰设计几方面进行控制。首先,如前文所述,诊疗空间宜选择在医院内安静、过往人流较少的区域。其次,应选用工作声音较小的设备,如静音空调等。最后,诊疗空间的维护界面要采取降噪措施(表5.4)。

表5.4 诊疗空间维护界面降噪措施

维护界面	降噪措施
门	宜采用不同面密度的材料组成的多层复合结构;在板材表面刷涂阻尼材料;在空腔内填充吸声材料
窗	宜采用断桥铝合金平开窗;采用两片或三片厚度不同的玻璃叠合而成的隔声窗;中空玻璃内采用夹胶玻璃
地面	尽可能铺设柔软的地毯,地毯类地面装饰材料不仅能最大限度地减少噪声的产生,而且能够抑制由其他来源而产生的噪声,在病患区外的走廊铺设地毯尤其有效
墙面	设置吸声材料的护面装饰层,如穿孔石膏板、金属穿孔板、铝合金冲孔板、金属微穿孔吸声板、木丝吸音板、木质吸音板、金属箔贴面、布艺饰面等;墙面吸声材料的预留空腔
顶棚	室内的顶棚和墙壁要选用木材或装饰布来装饰隔墙顶端,高过顶棚150~200 mm设置每个房间的单独吊顶

(2) 五音疗疾。

在疗法空间声音环境的设计中,除了降低噪声,更重要的是尽可能创造舒适的声音环境。《黄帝内经》曾提出"五音疗疾"的理论。百病生于气,止于音,中医理论认为,人的情绪和心理状况受到音乐旋律和曲调的直接影响。音律和节奏不同,会使患者的心绪及情志产生亢奋或消沉,积极时可以达到与所听音乐之间的共鸣效应,打通经络,使血脉畅流无阻。

音乐有归经、升降浮沉、寒热温凉等性类之别,与中草药的药性划分十分相似。而且,使用不同乐器、韵律、和音和轻重等的配伍也有不同的疗效。音乐治疗大致分为两种,一种是与患者的情绪相反的音乐基调,如情绪过分高涨和兴奋的病人可以聆听忧伤、平缓的音乐;另一种是与患者的情绪相同的音乐基调,如用如泣如诉的悲伤之曲激发患者心内的悲愤和哀怨,以发泄负面情绪。不同的乐律对人体的五脏有不同的治疗功效。五音疗疾见表5.5。

表5.5 五音疗疾对照表

人体器官	常见不适	属性	属性音阶	欣赏时间	注释
心	失眠、胸闷	火	徵	21:00~23:00	运用火属性的徵音和水属性的羽音的搭配可以使心火降低,水气上升,利于心脏的功能运转
肝	抑郁、易怒	木	角	19:00~23:00	金属性的商音可以克制体内盛行的木气,合适的水属性羽音则能很好地滋养木气,利于肝功能恢复
脾	腹胀、面黄	土	宫	餐后1 h	较为频促的徵音和宫音能较好地刺激脾胃,有节奏地对食物进行消化和吸收
肺	咳嗽、气喘	金	商	15:00~19:00	土属性的宫音能够助长肺气,火属性的徵音能够平衡肺气,二者结合帮助肺气的宣发肃降,恢复肺的正常生理功能

续表5.5

人体器官	常见不适	属性	属性音阶	欣赏时间	注释
肾	腰酸、腹泻	水	羽	7:00~11:00	舒缓合宜的音律协奏可以内存肾气,通过五行互生的作用,将能量输送到肾脏

2. 光环境设计

中医疗法注重自然与人体之间的物质交换,在整个医院的设计中,应将主要疗法空间尽量放置在南向,保证每天日照充足。另外,长效的日照可以祛除室内细菌,满足卫生需求。

自然采光与建筑开窗的位置、窗口的形式和大小、窗外和室内的遮挡有关。根据前文所述可知,中医疗法诊室低层的位置有利于患者与室外自然之气的交换及与外界进行视线上的交流,且接受中医疗法的患者多数为平躺的治疗体位,长时间仰视上空,不利于开高窗或天窗,以免长时间的直射光对患者的视力造成损害。因此,在中医疗法中,在诊疗室层数较低时,较多运用位置较低矮的侧窗,使光环境满足在室内诊疗的要求。中医诊疗空间光环境标准见表5.6。

表5.6 中医诊疗空间光环境标准

光环境	推拿	针灸	牵引	熏蒸
照度	300 lx	300 lx	300 lx	300 lx
色温	3 300~5 300 K	3 300~5 300 K	3 300~5 300 K	3 300~5 300 K
显色指数	不低于85	不低于85	不低于85	不低于85

通过调研发现,在中医疗法过程中,长时间的治疗使部分患者倾向于安静的休息,因此,设计应考虑到部分患者在光线昏暗、安静的室内进行小憩的可能性。

3. 温湿度及通风设计

中医疗法空间的温湿度及通风设计直接影响患者的体表感受,对治疗效果影响较大。条件允许时以自然通风控温为宜,尤其在夏季温度较高时,室内空调直吹是引起现代空调病的直接原因,对于大部分选择中医疗法的患者来说,关节炎、痛风、风湿病等更是禁忌人工冷风的刺激,因此中医诊疗空间提倡自然通风控温。在现行的中医疗法空间设计中,大多数空间湿度控制在40%~45%,温度冬季为21~22 ℃,夏季为26~27 ℃,且对于特殊治疗空间有一定的自然通风要求。部分中医诊疗空间适宜热环境指标见表5.7。

表 5.7 部分中医诊疗空间适宜热环境指标

热环境	推拿	针灸	牵引	熏蒸
湿度/%	40~45	40~45	40~45	40~45
温度/℃	冬季 21~22 夏季 26~27	冬季 21~22 夏季 26~27	冬季 21~22 夏季 26~27	冬季 21~22 夏季 26~27
净化	无	无	无	无
通风	优先采用自然通风	自然通风与机械通风结合,艾灸治疗需要机械通风,应保证室内空气质量	优先采用自然通风	优先采用自然通风

对于水疗空间来说,需注意冬季的保温和夏季空调房的冷风直吹。经过水气的蒸发,人体的毛孔处在充分的舒张状态,若此时有冷空气灌入会导致冷邪入侵,治疗效果适得其反。因此,水疗空间应避免结束诊疗的患者在更换衣物时有直接接触室外冷空气的可能,对于不可避免的空调等换气设施及门窗等缝隙处应保证其进气口与排气口密闭性良好,以防冷风灌入,且应在高温区与低温区之间设置一定的缓冲空间,使人体有逐渐适应周围气温的过程。

在冬冷夏热的严寒地区,冬季干燥是较为常见的气候特点,可以在室内适当配备加湿器,根据室内温湿度变化及时调节;或者在室内放置盆栽等绿色植物调节室内微气候。

对于灸疗空间来说,长时间的熏艾会导致室内烟尘增多,空气质量降低,宜单独布置空间,且需在室内配备及时的抽送风设备(图 5.10)。由于患者治疗的部位不同,部分患者会有脱衣等暴露皮肤的要求,这些患者对室内温度的要求要略高于其他患者,因此室内需配备暖风等有针对性的供暖设备(图 5.11)。

图 5.10 治疗床上方的送风设备

图 5.11 供暖设备

5.3 空间人本化设计

5.3.1 空间休闲化设计

不同于一般的门诊和西医治疗空间,中医疗法空间不应忽略休闲性空间的设计,从诊疗空间的场地环境、平面布局到空间、设施、材料及建筑细部,均要考虑到空间休闲化的表达。

休闲空间应与其他功能空间结合,进行适当的空间扩充,将休闲性潜移默化地融入中医诊疗空间设计中。

首先,对于候诊空间来说,空间设计需要减少患者及陪护人员因为长时间的等待产生的焦躁心理。根据调查问卷的结果得出,超过半数的受访者均希望在候诊过程中能有必要的休闲娱乐设施来缓解负面情绪。可以在中庭或者集中的候诊大厅内开拓出一部分空间,如线性走道边缘的凸形空间,或者走道尽端的端头空间,设计为休闲娱乐的活动场所。另外,也可以在候诊大厅附近设置小型店面,使患者可以在候诊时随意浏览或者购买。

例如,得克萨斯州的圣安东尼奥军事医疗中心的中庭即利用走廊外的空间进行候诊空间的休闲化设计,组团式的座椅围绕中心的方桌展开,其上布置画报、书籍等休闲读物,并配以植物盆栽等绿植增添休闲氛围,也可作为棋牌娱乐等空间使用(图5.12、图5.13)。

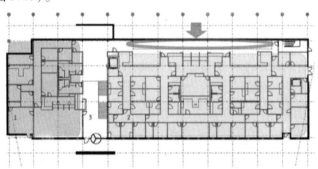

图5.12 圣安东尼奥军事医疗中心一层平面中庭示意
(图片来源:John Castorina 事务所)

其次,陪护人员同样需要候诊和治疗过程中的休闲活动。通过调研结果可知,有接近40%的陪护人员希望在患者独立接受治疗时,自己可以有一定的自由度进行其他活动,同时患者也可以减轻因他人的陪同而带来的心理压力。可以在诊疗区尽端设置独立的休闲娱乐空间,并与诊疗室的公共区域有一定视线上的交流,保证陪护人员在休闲活动时与患者有必要的视线联系。

图 5.13　圣安东尼奥军事医疗中心中庭
（图片来源：John Castorina 事务所）

最后，对于患者和医生来说，同样需要一定程度的休闲空间。创造与室内或室外庭院的视线对接，使患者和医生在诊疗时可以享受到医院内活力的氛围，从而舒缓治疗时的紧张情绪。

5.3.2　空间人性化设计

医院中设施小品的设计是对细部关注的体现，通过体量、材质、色彩等形式美点缀医院景观环境，展现其艺术性，满足使用者的心理需求。

（1）座椅。

医院景观环境中座椅的设置要充分考虑使用者的需求。由于医院中大多数是体力不佳的患者，他们在室内外活动时需要适当的停留休息。户外座椅位置的设置应考虑私密性、领域性，关注使用者的情绪变化，如设置有灌木围绕的座椅，围合空间使人有安全感；设置带有伞桌的座椅，用覆盖的手法营造阴凉的半私密聚会空间；等等。座椅的造型应考虑人体工学的要求，材质应选择木质等恒温材料，以免产生冬冷夏热的不良效果。

（2）雕塑。

雕塑的设置为医院景观环境提供了视觉焦点和视觉冲击，活跃了环境气氛，并对医院中患者的情绪起到一定的调节作用。雕塑的位置和体量应与空间环境相协调，做到少而精。医院入口处或住院区绿地空间的视线焦点处可设置体量较大的雕塑，使其成为医院的标志性景观，如永康市第一人民医院室外入口雕塑传达了生命、运动、健康的主题（图 5.14）。其他空间如小庭院、等候空间等可设置一些小型雕塑，以起到画龙点睛的作用，如墨西哥美英考得雷癌症治疗中心走廊一角的雕塑墙设置（图 5.15）。雕塑的造型应体现积极向上、健康的状态，能够对患者战胜疾病产生精神鼓舞。

图5.14　永康市第一人民医院入口雕塑
（图片来源：https：//www.sohu.com/a/118946882_456030）

图5.15　美英考得雷癌症治疗中心走廊一角的雕塑墙
（图片来源：《美英考德雷癌症治疗中心，墨西哥城，墨西哥》，p107-109）

（3）照明亮化。

医院建筑外墙轮廓及绿化的亮化工程，是强化医院夜间色彩景观形象的重要手法，也是造型形式美、艺术化的体现。一般采用暖色光源的霓虹灯、射灯、各种卤素灯等协调搭配，使光与色彩完美结合。在医院的出入口、草地、广场、路旁、水池等处都须设置园灯，做到风格一致、尺度适宜、数量适度，不仅能够为晚上在医院户外休闲散步的患者提供良好的景观环境，同时能够为医院树立良好的社会形象，如荷兰de Archipel医疗综合体住院区的园灯造型似一棵生机盎然的大树，每个分支形成一簇光源，夜晚为户外活动的患者提供照明（图5.16）。

图5.16　荷兰 de Archipel 医疗综合体住院区的园灯
（图片来源：王达的《de Archipel 医疗综合体》,p77-80）

（4）康体器械。

在医院环境中设置康体器械，为患者提供健身活动的场所，可以使患者情绪愉悦、精神振奋，促进身心健康。设置地点应选择阳光充足、通风良好、景观多样的场所，方便使用者进行晨练、保健操舞及康复训练。

5.3.3　空间情景化设计

1. 传统院落式空间布局模式

中国古代的院落组合形式注重建筑与环境的和谐，这种观念在中国人心中根深蒂固。选用中医治疗的患者，尤其是疑难杂症患者的自我暗示强烈，对建筑空间和环境的心理需求较强。这就要求在建筑布局中，利用传统文化内涵，将技术与文化相融合，而传统院落式空间最能体现中国文化和中医特色。院落具有较好的私密性和优美的环境，能够有效缓解患者的心理压力，因此在设计中应充分利用院落的环境优势，改善空间的采光、通风及过渡，同时也可以作为候诊空间。在设计中应实用与美观并重，既要满足医疗空间的需求，又应符合传统园林的美学要求。

例如，黑龙江中医药大学附属第一医院治未病中心内的诊疗空间就是典型的院落式布局，内部诊室以庭院为中心成四周布置（图5.17），院落内部兼具部分候诊功能，有供患者及陪护人员休息的石凳、石桌及部分小型景观造景，并提供部分交流空间，使得候诊患者在等待的过程中可以得到相应程度的缓解，同时院落式布局也使得患者在进入诊疗空间之前即体验到中国传统文化的古朴意境，充分营造了中医诊疗空间的氛围感（图5.18）。

2. 装饰构件的传统化表达

装饰和构件的设计可从中国传统文化中提取设计元素，并利用现代设计手法将其抽象与概括，应用到空间塑造中，如使用传统建筑材料、传统文化符号、传统色彩搭配及

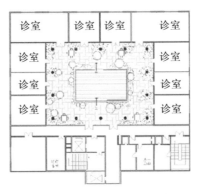

图 5.17　黑龙江中医药大学附属第一医院
　　　　治未病中心顶层平面

图 5.18　黑龙江中医药大学附属第一医院
　　　　治未病中心院落景观

传统构成形式等。例如,黑龙江中医药大学附属第一医院和沈阳市中医院在传统疗法空间设计中,采用对坡屋顶、院落空间等传统元素;在诊室设计中,入口的门楣(图 5.19)、冰裂纹花样的格窗、顶棚的平綦天花(图 5.20)及园林造景中的浮雕壁画(图 5.21)等细节装饰的传统化运用,营造出中医诊疗空间应具有的古朴意境。

图 5.19　诊室入口门楣　　图 5.20　走廊顶部的平綦天花　　图 5.21　诊室外部浮雕壁画

3. 空间趣味化设计表达

早期医院中采用严格整齐的工业化空间,会让患者产生沉闷压抑的情绪,并不利于患者放松心情,甚至影响患者的治疗效果。近些年来,设计师越来越注重在医院空间上进行创意趣味的设计表达。一方面,通过色彩搭配、光影变化、材质对比等造型方式,强化医疗空间的艺术感染力;另一方面,借助表皮、符号、雕塑、艺术装置传达出医疗空间特有的创意趣味及人文关怀(图 5.22、图 5.23),缓解患者入院时焦虑紧张的心理,帮助患者建立乐观积极的情绪和战胜疾病的信心。

斯坦福儿童健康中心由 HOK 公司设计,设计师从加州湾区周边的动物、植物、历史遗迹上汲取灵感,参考自然景观的主要色调,通过地面铺装、标识符号、艺术装置等方式加以抽象演绎,使儿童仿佛置身奇妙的童话世界。另外,设计师基于儿童渴望探索未知世界的情感需求,在等候区设计了鹅卵石壁龛和豌豆袋坐垫等创意空间,结合充满活力的色彩与材质,为儿童在等候就诊时提供一个可探索的空间,为儿童和家长创造轻松愉快的就医体验(图 5.24)。

图 5.22　象征心血管的空中廊道
(图片来源:www.archdaily.com)

图 5.23　象征盲文的建筑表皮
(图片来源:www.archdaily.com)

图 5.24　斯坦福儿童健康中心
(图片来源:Architecture Update)

患者在接受医疗检查时往往是最焦虑和脆弱的时候,因为这段时间他们需要一动不动,只能盯着检查仪器、针管或天花板,如果患者是儿童的话甚至可能难以配合完成检查。圣约瑟夫健康中心由 DSA 事务所设计,于 2016 年在加拿大多伦多建成。设计团队与著名儿童读物插画家合作,在检查室设计了一系列符合儿童情感偏好的壁画,并将医院设施玩具化(图 5.25)。通过这种人性化设计,成功缓解了儿童接受检查时的紧张情绪,收到了良好的效果。

图 5.25　圣约瑟夫健康中心
(图片来源:Diamond Schmitt Architects)

4. 空间家居化设计表达

患者来到医院就医,在情感上不愿意被当作"患者"来看待,并且需要一段时间来适应新的环境。建筑师可以在医院空间设计上弱化医院的空间意向,创造一种温馨亲切的空间氛围,消除患者对医院的恐惧。一种比较有效的方式是采用家居化或酒店化的医院空间设计,即在医院空间布置上借鉴家居和酒店的设计风格,缩短患者从家庭到医院的心理距离。

典型的案例是由 HFR 工作室创作的科罗拉多州卡拉威·杨癌症中心。设计师希望在这一医院项目中传达"家庭"的空间意向。医院入口处的壁炉两层通高,与中厅组合形成视觉中心。设计师将当地流行的新古典主义设计风格与医疗设施相结合,通过燃烧的壁炉、柔和的灯光、木质地板、照片陈列等家居元素,营造出静谧温暖又温馨自然的家庭氛围(图5.26)。另外,医院除了拥有常规的化疗处与放射病房外,还引入图书馆、精品店等非医疗服务设施,改变传统医院冷漠、严肃的形象,使患者感到仿佛不是去医院就诊,而是去朋友家做客。这一项目也因其成功的情感化设计获得了美国"悬铃木"资格认证。

图 5.26　卡拉威·杨癌症中心
(图片来源:HFR Design)

5.4　本章小结

在诊疗空间设计中,要遵循各基本设计要素彼此之间的相互关系,处理好空间选址、容量和布局3个基本方面,共同达到空间功能与艺术的最大化。本章首先针对影响医院建筑疗愈性的空间要素进行研究,总结出了各要素对患者应激恢复的影响,然后针对目前诊疗空间存在的问题提出具体的设计对策,并从养生观角度提出空间协调化设计、空间平衡性设计和空间人本化设计策略。具体涉及诊疗空间的空间选址、空间容量设计、包容性空间设计、均衡适度的物理环境设计及空间休闲化设计、空间人性化设计和空间情景化设计。

当代医院不仅需要精密的功能组织、合理的流线安排,还要能够满足患者独特的情感需求,给予使用者充分的情感回应。这需要设计师突破传统审美体验的桎梏,通过对患者情感的细致入微观察和巧妙创意让患者与医院之间建立情感联系,为患者传递积极态度,化解负面情绪,安抚焦虑心情,建立战胜疾病的信心。

第6章 医院景观环境疗愈性设计

6.1 景观要素的优化对策

此次研究发现,相对于人工景观,在具有自然特征的景观中,患者的心理应激恢复效果更好,但这种应激恢复效果并没有随着景观绿视率的提高而线性增加。因此,不能认为包含自然景观要素"天然地"具有良好的应激恢复效果。实验发现,在最高自然率窗景下,患者的焦虑感略有提高,而既有研究也表明设计不当的自然景观要素甚至会加剧患者的生理应激反应。

因此,在对医院室外景观要素进行设计时,不应简单地以患者提高绿视率为目标,而应将自然景观要素作为调节室内环境氛围,改善患者就诊体验的手段。这就需要在综合考量患者行为能力的情况下,通过对景观周围的场地进行设计,使人与自然景观产生互动关系,从而创造一个充满活力的场所。例如,在邱德拔医院的设计项目中(图6.1),RMJM建筑事务所采用绿化走廊将各建筑串联起来,并结合患者行为动线布置自然景观,绿植栽种位置及生长方向经过预先设计,能够保证患者从不同角度观赏景观。医院的8个屋顶花园拥有不同的主题,为患者漫步、交谈、休闲、冥想等行为提供理想场所。医院中的部分花园可以种植蔬菜、水果、香料与草药,这为患者提供了亲近自然、消磨时光的机会,作物的生长与收获也提高了患者治愈疾病的信心。

图6.1 新加坡邱德拔医院的绿化走廊
(图片来源:https://www.xinjiapo.news/news/54624)

除了将外部自然景观引入医院室内外,在缺少外部景观的地区,还可以通过设置绿植、中庭、花园等方式,在建筑内部"植入"自然景观。室内空间人员密集、流线复杂，因此在布置室内自然景观时，应将患者的行为模式作为切入点。根据空间的使用方式，针对患者行走、停驻、休息、私密交谈、多人交谈等行为，制订相应的医院室内自然景观设计方案。另外，自然景观的逐时性变化也是需要考虑的因素，相对于终年常绿的树和灌木的种类，季相分明的植栽模式能够获得更好的自然性。例如，在拉什大学医学中心大楼的设计中，Perkins+Will建筑设计事务所对于景观植物的种类进行了反复比较，最终选取纸桦、山毛榉、番红花等植物搭配形成随季节变化的植栽群落，让不同时节都能产生相对应的景观（图6.2）。

图6.2 拉什大学医学中心入口大厅绿植景观的季相变化

（图片来源：http：// mp. weixin. qq. com/mp/appmsg/show? search _ click _ id = 4601058140950551787 - 1719590286103 - 5979228261& _ _ biz = MjM5NTk4ODM4Mw = = &appmsgid = 10000453&itemidx = 1&sign = 9e4f87b962edc38ca1b38f7c21f90f98#wechat _ redirect）

6.2 基于功能性的医院景观

6.2.1 多元化的空间环境营造

1. 多元化的空间环境营造——丰富的室外空间

医院建筑的室外空间环境仅仅提供入口广场、道路红线内的绿化以及零星的座椅是远远满足不了使用者的心理和社会需求的。对不同的使用者（员工、探访者、不同程度的患者）需提供多元化的空间，如提供体育运动和锻炼的空间；提供聚会和体验社交的空间；提供接近自然、开展娱乐活动的空间；提供刺激感官和提高活动机能的空间；等等。充分利用室外空间，从生理、心理及社会多方面为使用者提供多层次、多元化的空间环境。

（1）合理的景观布局。

医院室外空间的景观布局形式根据医院建筑布局对空间的限制关系可分为规则式、自由式和混合式。

①规则式。这种形式的景观布局常用于沿轴线展开的医院建筑中，景观多为

对称形式,有强烈的秩序感,使外部空间具有庄严、雄伟、肃静的空间效果,但有时也过于呆板。道路形式多为直线、折线。景观中的水池、花坛等多为整齐的几何图形,绿地及花木多修剪成规则的图案和色带,如日本宝家太阳城疗养院的户外景观呈现出规则的几何图形,庄严而有秩序(图6.3)。

②自由式。这种布局形式轮廓变化灵活、自然优美,景色丰富,多以山水、植物为造景要素,多模仿自然园林景观,是现代人向往返璞归真、寻求自然美的具体体现。道路和水体形式自然弯曲、流畅多变。植物形态自由多变,不采用修剪规则的几何形体植物,充分体现自然群落之美。地势变化明显的医院,可充分利用起伏的地势,创造丰富生动的自然景观。这种形式宜采用于住院部户外环境或以疗养为主的医疗花园、游憩场地,如巴基斯坦卡拉奇的阿迦汗大学医院。

③混合式。这种布局形式是将规则式和自然式巧妙结合,并将两种形式的特点融为一体,适用于综合性较强的医院室外景观营造。它结合规则式和自由式的特点共同营造医院户外庭园景观,在庭园中,既能感受规则式的秩序美,又能体验自由式的自然美,将动与静完美结合,更能呵护使用者的不同心理需求,如北京中日友好医院(图6.4)。

图6.3 日本宝家太阳城疗养院的户外景观

(图片来源:http://www.360doc.com/content/21/0406/18/57815394_970884696.shtml)

(2)清晰的空间层次。

医院建筑流线复杂,一般占用较大的空间面积形成舒展的功能布局。应合理地划分室外空间层次,将不同功能、尺度、形态的空间有序地连接,形成整体性的室外景观,提供满足不同使用者休息、交谈、聚会、就餐的多样景观,使其丰富且富有层次。医院户外景观的营造也要结合医院使用人群的心理、行为特征,提供多种功能性的选择,并形成公共空间、半公共空间和私密空间,如澳大利亚皇家儿童医院的室外空间层次丰富,为使用者提供了多种活动的空间(图6.5)。

可利用灌木等植物划分出供1~2人使用的相对封闭空间,提高私密程度和安全感,使患者有全部或部分的空间支配权,可自由表达自身情感,减少外界干扰。但医院室外景观环境中不宜出现绝对私密的空间,应保持医务人员工作区域与户

图 6.4　北京中日友好医院

（图片来源：https：//www.meipian.cn/1kvl71ol）

图 6.5　澳大利亚皇家儿童医院层次丰富的室外空间

（图片来源：https：//architectureau.com/articles/new-royal-childrens-hospital/）

外活动场地之间视线的通透性，满足患者的安全需求。

医院公共空间环境有别于其他公共环境，对领域感要求较强。对医护人员来说，大部分时间与患者接触，患者的不良情绪会带给医护人员一些负面影响，就餐时间是他们唯一可以在户外放松的机会，因此应为医护人员设置单独的户外活动空间，并且景观的尺度要满足私密性（图6.6）。

（3）多样的空间界面。

医院室外空间的划分不应该简单生硬，可以借助隔断、绿化、地面高差等空间界面的变化创造舒适的、多样化的室外空间，主要有覆盖、围合、边界、基面等形式。

①覆盖。覆盖是指顶界面对上部空间的限定。在医院室外空间景观中，这种设计手法的运用要避免产生压抑的空间，力求创造亲切舒适的空间体验，如由建筑构成的实体界面亭廊、由高大乔木树冠形成的半公共的休息空间等。

②围合。围合是指在医院室外环境中可利用灌木围合成小空间，为患者提供安静的私密空间与探访者交流。

③边界。人们愿意沿着四周观望事物，而不愿在空旷的中心区域受人环顾，这

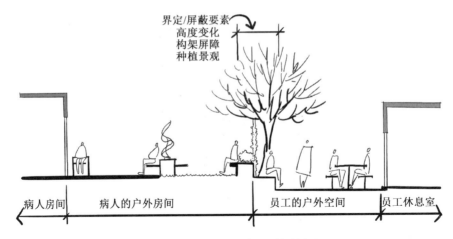

图6.6 医护人员与患者相隔离的空间

种行为特点被称为边界效应,所以在景观设计中应注重空间边界处理和依托物的设置。在交通与休息区域的过渡空间,应充分利用空间边界的凹凸为休息逗留的使用者提供适宜的小空间。应有效利用医院外部空间景观中的边界,适当增加边界的面积和依托物,如将花坛边缘、建筑侧界面等增加凹凸,设计成高度适宜的小空间,具有可依靠性,形成公共空间、私密空间及半公共空间的分界面,来延长人们的停驻时间(图6.7)。

④基面。基面是指底界面对空间的限定,主要通过地面高差和材质的变化区分空间的领域感。医院的室外空间要注重无障碍设计,避免过大的高差变化给人带来的不舒适感和不安全感,适当平缓的坡度和材质的变化会增加空间的趣味性和可驻留性,如莱比锡罗伯特科赫临床中心病房外的活动空间,通过基面的变化划分不同空间,并提供多种休闲娱乐机会(图6.8)。

图6.7 花坛边缘形成的休息空间

图 6.8　莱比锡罗伯特科赫临床中心
（图片来源：https：//bbs.zhulong.com/101010_group_201807/detail10027937/）

2. 多元化的空间环境营造——舒缓的过渡空间

考虑到室内外景观的渗透与融合，医院建筑中需要设置过渡空间。过渡空间同时可以保证空间的整体性、开放性、渗透性和连续性，为使用者提供休闲、交流、观景的空间，常见形式有阳台、平台、柱廊等。

医院的病房空间应适当设置阳台，既延续室内空间属性，又满足患者与室外接触的心理，使患者足不出户就能呼吸新鲜空气、欣赏到大自然景色。大面积的裙房屋顶可设置屋顶花园，增加绿化、座椅、景观构件等，增添其趣味性。例如，Hartberg 医院在住院区设置大面积的露台形成过渡空间，为患者提供了接触室外景色、呼吸新鲜空气、放松心情的场所（图 6.9）。

医院的内部庭院可以考虑设置部分外廊。外廊的优势是能够保证使用者不受风雨侵扰，但是同时不会隔断室内外环境。病人可以在外廊上散步、休憩。外廊也可为病人营造适宜的微气候环境，丰富医院的空间变化。例如，尼日尔综合医院在室外回廊中设置了休息座椅，患者可在此进行日光浴，或遮风避雨，非常惬意（图 6.10）。

图 6.9　Hartberg 医院的露台空间
（图片来源：https：//bbs.zhulong.com/101010_group_201807/detail10027957/）

图 6.10　尼日尔综合医院回廊

（图片来源：https://www.gooood.cn/the-genaral-hospital-of-niger-niamey-by-cadi.htm）

3. 多元化的空间环境营造——舒适的室内空间

（1）家庭化的病房空间。

病房是患者在医院中滞留时间最长的一个空间，病房空间的景观环境直接影响着患者的康复治疗。以前，病房空间的环境质量仅限于最基本的卫生要求，随着整体医学模式的发展，患者对病房空间的景观环境有了更高层次的要求，因此，要考虑患者在生理、心理和社会关系上的整体因素，创造舒适、优美、温馨的家庭化的景观氛围。

病床周围空间是患者的近身环境，应尺度宜人，不存在危险隐患，色彩、质感要贴近生活，房间内要有良好的自然采光、通风，可看到窗外景致，创造以患者为中心的家环境。

从居住角度看，病房的功能类似于起居室，应是一个集会客、休息、餐饮的多功能综合空间。病房是患者满足生理需求所必须具备的空间，应营造满足心理、社会需求的综合功能。在整体医学模式下，病房内的休息会客区尤为重要，如安排一些工作设备和信息媒体，可以延续患者的工作习惯，促进心态平衡。

（2）艺术化的公共空间。

①门诊大厅。由于门诊大厅是医院人流密集的公共空间，其景观环境直接影响到患者就诊的最初印象。要注意区分医患流线、洁污流线等，将就诊人群的流线清晰化、可视化，如采用液晶显示器或地面箭头指示，为就诊者引导至不同功能区；将工作人员流线单独化、隐蔽化，防止闲杂人员对其造成影响；将医疗垃圾单独开辟出入口，由专业后勤人员运送，避免因流线交叉带来感染的问题。随着医疗模式的转变，患者、医护人员和探访者的公共活动空间应进一步扩大，功能应进一步完善，门诊大厅的功能不应局限于办公、收费、导医等，而应增加非功能性空间的比例，如银行、书店、餐厅、礼品店等，形成高大的共享空间，使患者一进入医院就有轻松的感觉，减轻患者的心理压力。

门诊大厅的底层空间是人们活动和驻留的主要公共场所，目前多数医院门诊大厅底界面设计比较简单，石材铺装，色彩单一，对患者的生理、心理需求考虑较少。采用多层共享空间形式的门诊大厅,从较高楼层俯视时,底界面应有优美的视觉效果,以活跃大厅的气氛,所以底界面的设计尤为重要。

可以通过以下对策进行改进:地面材料宜采用符合公共性和耐磨性高的材料,地砖是常用的地面铺装材料,但地砖用于北方地区,冬季防滑性差,应选择橡胶材料,既耐磨,又具有良好的舒适性,且有多种色彩可以选择;可以通过图案的变化进行空间分隔,根据视觉心理的特点,有方向性的图案可以起到引导作用,暗示人们通过或加速;休息、等候空间宜采用向心的图案,暗示人们驻留(图6.11);也可通过地坪色彩、质感的变化,低隔断或沙发等围合,顶部空间限定的手法来进行不同功能空间的划分;也可引入绿色植物、水体、山石等自然元素增加共享空间的室外感,给人清新的视觉和心理感受。例如,荷兰Zaans医疗中心大厅通过沙发、绿化及低隔断将大厅分成不同的功能区域,供使用者进行私密性和社会性活动,空间层次分明(图6.12)。

图6.11　门诊大厅底界面图案

(图片来源:http://www.sheji368.com/zhensuo/20171207332.html)

图6.12　荷兰Zaans医疗中心大厅

(图片来源:https://www.gooood.cn/zaans-medical-centre-zaandam-by-mecanoo-architecten.htm)

共享型门诊大厅的顶界面常采用玻璃顶形式,将自然光线引入室内空间,其顶棚结构所展现的形式美在阳光的照射下呈现出线条美、图案美的投影,随季节、时令的变化塑造出不同的视觉景观,渲染了明亮舒适的中庭气氛。例如,深圳市宝安区新安镇人民医院门诊大厅,顶界面圆形伞状的艺术造型,将阳光引入中庭,明亮且富有感染力(图6.13);意大利佛罗伦萨儿童医院的中庭运用倒置的白色"比诺曹小帽"作为支撑结构,形成了活跃、富有动感的空间效果(图6.14)。在顶棚上吊挂一些动态的艺术品,更可以点染空间的艺术效果,起到画龙点睛的作用。

图6.13 深圳市宝安区新安镇人民医院门诊大厅

(图片来源:https://bbs.zhulong.com/101010_group_200106/detail21067876/)

图6.14 佛罗伦萨儿童医院

(图片来源:https://sites.usc.edu/globalstudies/2019/07/23/historical-and-contemporary-hospitals-throughout-europe/)

大厅侧界面通常由墙、柱、环形廊道、扶梯、楼梯等组成。墙面的色彩选择要和大厅的整体氛围协调一致,明亮且充满生命力,如奇伦托夫人儿童医院利用色彩装饰大厅墙面,令大厅空间充满生机(图6.15)。在环形廊道上适当出挑休息阳台,不仅可以丰富侧界面的造型效果,产生韵律感,而且可以形成各层廊道与中庭间的过渡层次,为使用者观赏大厅景观提供场所。

图6.15 奇伦托夫人儿童医院

(图片来源:https://www.gooood.cn/lady-cilento-children-hospital.htm)

②候诊区。候诊区与诊室密切相连,诊区的空间环境应以轻松愉悦的氛围来缓解患者的紧张情绪,体现对患者的体贴关爱。可以采用促进交往的座椅布置形式,如组团布置形式等,增进患者间的交流,减小患者就医的紧张情绪。还可以设置书报架、饮料机、电视、绿色植物、鱼缸等环境设施小品,平和患者情绪。例如,墨西哥美英考德雷癌症治疗中心候诊区环境温馨,并将座椅组团排列,促进交流(图6.16)。

图6.16 墨西哥美英考德雷癌症治疗中心候诊区

(图片来源:https://bbs.zhulong.com/101010_group_201807/detail10121698/)

夏季门诊高峰季节,可将候诊区延伸至庭院绿荫处形成绿色候诊。在绿荫棚架下设置座椅,在室外自然景观中,有助于患者放松情绪。

③活动室。在病房区设置活动室符合新医学模式的需求,是鼓励患者走出病房,进行康复、交往、获取信息的社交场所。患者可以在这里阅读、娱乐、用餐、观景等,缓解孤独感和焦虑感。活动室的景观设计应满足不同患者需求的差异性。老年患者的活动室要注重无障碍设计,座椅的排布要利于交流;儿童患者的活动室设

计要生动活泼,充满趣味,并注意家具、设施的安全设计;妇产科患者的活动室可以设置科教展廊、绿色植物等,并配以柔和的背景音乐。

6.2.2 生机化的道路交通组织

1. 生机化的道路交通组织——有序的室外道路景观

医院建筑的外部空间道路交通组织应洁污分流、动静分区、医患分流,尽量避免相互干扰。门诊部、住院部和医技部之间应建立有机联系,做到简捷方便。从景观角度看,道路景观是联系和组织各部分外部景观环境的枢纽带。

(1)道路形式。

医院建筑外部道路根据功能不同分为两种形式:一种是规则式的主要交通道路,具有集散功能;一种是蜿蜒曲折自然式的小路,多用于散步休息。在主体建筑周围及功能集中区宜采用规则式的道路,两旁以种植行道树为主;在住院部或远离建筑的较大面积绿化地段,宜采用自然式的道路形式,设置小游园等。室外空间环境通过道路形式的变化,从规整空间过渡到自由轻松的休闲空间,在满足功能及心理需求的同时,营造形式美、意境美、生态美的整体室外空间环境。

(2)铺装材质。

室外道路的铺装材质应根据其功能进行区分设置,不同的材质对于人和车的行为具有一定的暗示作用。车行道路的铺装材料应选择表面光滑、利于通行的材料,如沥青、水泥混凝土路面;人车混行的路面可选择砾石材质,暗示车减速慢行,保证人们散步的优先权;人行道路的铺装材质应选择路面平坦、利于行走、没有危险性,又具有防滑作用的材质,不宜选择松散或凹凸很大的材料(图6.17)。良好的路面铺装材质不仅可以诱发使用者活动行为的发生,还可以创造出不同的空间趣味性,增加视觉效果。

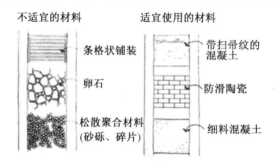

图6.17 室外有利通行的地面材料

(3)景观组织。

医院室外道路的形态、两侧的建筑、植物、小品、铺装等都为道路景观的组织形成了重要的视线走廊。规则的车行路两旁可以通过草坪、灌木、高大乔木形成层次变化(图6.18),将常绿与落叶、速生与慢长植物相结合,适当点缀不同花色,形成连续有序的复合景观组织。自然曲折的人行道路的景观组织,不仅可以利用植物形成连续的线性景观,而且可以采用拱桥、凉亭、假山、水体等丰富的建筑小品增加景观的趣味性,为医院使用者提供更多的行为选择并陶冶情操。医院室外道路景观的组织也可通过远近对景的营造,强化视线景观,如利用标志性的雕塑或建筑物形成对景,不仅具有空间的指向性,而且增加了空间动势,提升了医院形象。例如,上海华山医院的道路组织,利用拱桥形成了标志性景观(图6.19)。

图6.18　车行道路两旁的景观层次
(图片来源:http://www.yibochuanren.com/info_yiyuanlvhuasheji.html)

图6.19　上海华山医院的人行道路景观组织
(图片来源:https://touch.travel.qunar.com/comment/10160836080)

2. 生机化的道路交通组织——明晰的室内交通形象

医院室内交通组织要流线清晰、目标明确、具有各自领域不被穿越的艺术化形象。中小型规模的医院不宜采用过于分散的廊道布局,可采用厅式布局,各功能科室沿大厅周边布置,路线简捷,尺度适宜;大型医院科室繁多,如沿厅周围布置,空间拥挤,宜采用连廊式、医院街模式等交通流线形式。

(1)医院街。

在大型医院中,医院街是连接门诊、医技部和病房楼的轴线通道,它的入口一般是门诊的大厅或共享中庭,延续贯穿医院各主要功能分区,是串联医院建筑各部分的"主干"。医院街最初的概念是将"商业街"引入医院中,目的是为使用者提供便利的生活服务,缓解患者入院的紧张情绪。这种形式让医院原有的封闭环境走向了开放,增加银行、书店、餐厅、超市、礼品店等医院非功能性空间,满足使用者在就医过程的休息、交往等多方面需求,同时为医院创造经济来源。医院街的景观形象可采用协调统一的色彩体系,室内装饰风格及标识系统形成清晰明了的整体性交通流线,增加空间的导向性(图6.20)。

(2)连廊、走廊。

连廊和走廊是大型医院街的"分支"部分,是联系医院内部众多功能空间的纽带,是室内交通组织的重要部分。侧界面要通过材质、色彩、艺术品等表现其连续性、秩序性、识别性,从而为患者创造一个心情放松的导向场所,如圣玛丽医院的走廊运用色彩的变化体现了秩序性(图6.21);美国印第安纳州波利斯北社区医院的

图 6.20　Akershus 医院街

（图片来源：https：//www.cfmoller.com/p/-en/akershus-university-hospital-i269.html）

回廊空间中展示了当地艺术家的作品（图 6.22）。对于底界面的景观形象，各部门大厅及部分走廊空间常采用大理石铺装，通过图案的变化形成丰富、高档的形象；一些走廊、楼梯平台空间多采用防滑地砖，价格便宜且易清洗；住院部走廊多选用橡胶卷材，易于清洗，还能够降低走路发出的噪声，而且色泽鲜明、图案丰富，能产生艺术化的视觉效果；也可采用钢结构做成透明的空中走廊，让使用者不必受气候和天气因素影响，在室内享受到户外的绿色景观环境。

图 6.21　圣玛丽医院走廊

（图片来源：https：//www.sdjzsj5y.com/news/614.html）

图 6.22　美国印第安纳州
波利斯北社区医院的回廊空间
(图片来源:https://healthcaresnapshots.com/brands/sky-factory/)

6.2.3　人性化的设施标识设置

医院环境中的标识导向系统是医院形象的整体体现,艺术化标识导向不仅是为使用者提供方向导向、疏散分流的功能性载体,也是医院景观形式美的体现。

(1)文字及图形标识。

标识的设置要意象明确、色彩干净、尺度适宜、位置合理。在医院室外环境中,主要交叉路口处设置指示牌,引导车辆行驶方向及使用者行为动向(图 6.23);在复杂的医院内部交通流线中,须在各楼层分区的枢纽地带设置平面图标识,可采用鸟瞰图、轴侧图、平面图等形式,让使用者了解医院的功能分区,明确自己所处的位置(图 6.24);在人流集散地、交通枢纽处设置位置引导标识,起到指示使用者选择路径的作用,一般依附在通道的侧界面上,形成整体连续性的导向作用;也可利用一些形象生动的图案标识提示人们的行为(图 6.25)。例如,梅田医院的标识设计以医院常用的消毒白棉布做基本材料,令人耳目一新,传达出一种柔和、清洁的空间感觉,与医院的环境特征相吻合(图 6.26)。

图6.23　医院户外分流标识

（图片来源：https：//www.sohu.com/a/498680744_121063190）

图6.24　医院室内楼层标识

（图片来源：http：//www.yimeisign.com/product/2.html）

图6.25　某医院禁止吸烟的标识

（图片来源：https：//www.nipic.com/show/21139078.html）

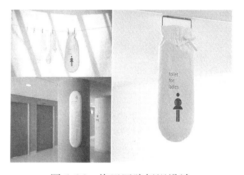

图6.26　梅田医院标识设计

（图片来源：http：//www.ringtown.net/info/？id=664）

（2）多媒体引导系统。

科技进步使得在医院环境中使用多媒体技术成为可能，多媒体引导系统被设置在门诊大厅处，患者和探访者可以亲自操作获取信息，更加智能、快速地了解医院信息，如医院功能分区、部门及医生介绍等，提高就医效率；如果设置在候诊区，可以利用滚动或是精致的文字信息引导患者就医。在实践中应不断优化医院环境的标志导向系统，形成完善的体系，真正体现人性化。

6.3　基于整体性的医院景观美设计

整体性的设计理念是指将医院景观看作一个系统，使各部分景观充分体现形式美，在为使用者带来意境美的同时，相互形成有机联系的整体，进行统筹规划设计。将整体性的医院景观看作是自然环境的一部分，与周围的生态环境、文化特色形成整体，尊重环境，关注生态，与自然协调共存，创造与自然融合、文化共生的生态美。

6.3.1 全方位的绿化景观设计

1. 全方位的绿化景观设计——分区的室外景观

医院的室外绿化景观设计应有较明确的分区与界定,以满足不同人群的使用需求,根据建筑的使用功能和形态进行合理的配置,达到视觉与使用均佳的效果,创造安全、高品质的空间环境。

(1)门诊部入口。

综合医院门诊部入口广场是院区内主要的室外空间,具有人流量大、流线复杂的特点,绿化景观设计应简洁清晰,起到组织人流和划分空间的作用(图6.27)。根据广场的尺度,布置草坪、花坛、雕塑、喷泉等,形成优美、明快的医院入口形象,道路两侧采用乔木、绿篱、草坪结合的形式体现层次感,并合理选择季相性植物,形成尺度亲切、景色优美的医疗环境。

图6.27 杜克大学医学中心
(图片来源:https://www.dukehealth.org/
hospitals/duke-university-hospital)

(2)住院部周围。

住院部周围是患者户外活动的主要场地,应设有较大的庭院和绿化空间,为患者提供优美的康复休闲景观环境。住院部周围的绿化组织方式有两种:规则式和自然式。规则式一般在绿地中布置规整几何图形的花坛、水池等作为中心景观,规则地侧摆休息座椅、花架等娱乐休息设施,呈现出整齐、安静的氛围(图6.28);自然式则多利用原有地形、水体等自然条件,形成自然流畅的绿化形态,多运用园林小品元素点缀其中,展现轻松自由的惬意氛围(图6.29)。

(3)辅助医疗区。

运用树木在室外绿地中隔离出适宜尺度的辅助医疗区,供患者进行日光浴、体育锻炼等,适当地在铺装道路上布置座椅、小品等休息、交谈设施。也可划分出不

图 6.28 ST. JOHANN NEPOMUK 天主教医院
（图片来源：https：//bbs. zhulong. com/
101010_group_201807/detail10027951/）

同患者的区域绿地，避免患者之间的交叉感染，用常绿树及杀菌力强的树种形成隔离带，起到杀菌防护的作用。在适当的区域为医护人员提供休息空间和景观环境（图 6.30）。

图 6.29 美国 Kelsey Seybold 医疗中心　　图 6.30 菲奥娜·斯坦利医院
（图片来源：https：//bbs. zhulong. com/　　（图片来源：https：//bbs. zhulong. com/
101020_group_201875/simple/p2. html）　　101020_group_201875/simple/p2. html）

2. 全方位的绿化景观设计——递进的室内绿化

室内空间的绿色化是近年来医院设计的重要趋势之一。人对健康的渴望在患者身上表现得尤为强烈，室内绿化的布置是医院建筑景观设计的重要方面。可通过中庭绿化、分层绿化、阳台绿化、点式绿化、室内借景等层层递进的绿化营造形式，使室内外景观相互渗透、交融，让景观最大化地呈现在患者身边，令使用者在室内就犹如置身于山水花木之中，做到最大限度地与自然和谐共生。

（1）中庭绿化。

中庭绿化的设计手法是在医院内部公共空间营造出一个大花园，无论严寒酷暑，患者都可以享受充满生机的自然环境。在艺术化的空间环境中，通过顶部天窗采光将自然光充分引入中庭,并配以相宜的植物,既可以改善室内环境质量,有效防止交叉感染,又为使用者提供了景色宜人的等待、就餐、交谈场所。例如,意大利梅斯特医院通过巨大的斜设玻璃立面形成通高的中庭空间,丰富的绿化种植形态自由,使用者可以在其中等候、就餐、交谈,仿佛置身于花园中,心情舒畅(图6.31)。

(2)分层绿化。

通过屋顶花园的设置将高层医院划分成几个区域,形成分层的绿化,既为患者提供了接近自然的活动场所,使其感受阳光和绿化景观,促进康复治疗,又丰富了医院的外部立面造型。例如,伦敦切尔西和威斯敏斯特医院的空中花园,为患者创造了清新自然的空间环境,丰富了立面变化层次(图6.32)。

图6.31 意大利梅斯特医院中庭绿化
(图片来源:https://www.greenroofs.com/2018/09/10/featured-project-venice-mestre-hospital-ospedale-dellangelo-mestre-angel-hospital/)

图6.32 伦敦切尔西和威斯敏斯特医院
(图片来源:https://www.e-architect.com/london/chelsea-and-westminster-hospital-sky-garden)

(3)阳台绿化。

阳台绿化是通过过渡空间使室外景观室内化的设计手法,借助绿化设计增加空间的开阔感,使室内有限的空间得以延伸和扩大,让患者贴近自然,获得观景的好场所(图6.33)。例如,圣迈克尔医院尽量使病房成为花园中的房间,在每个病房外设计一个绿色花房,患者可以足不出户,将病床推至花房中感受自然。

(4)点式绿化。

在医院室内环境中可以利用各种形态的盆栽来点缀空间环境,如候诊区、用餐区、活动室、病房等使用频率较高的空间。这种点式绿化形式不仅可以软化硬质的空间界面,给人以亲切感,而且能够让使用者感到无处不在的自然生机(图6.34)。

(5)室内借景。

利用玻璃的通透性,将室外局部景色透入室内,让室外的绿化环境延伸到室内空间,使室内外空间相互渗透、交融,达到室内外景观一体化。由于患者活动不便,在病房、活动厅等患者使用率高的空间,应尽量借用室内外景观为患者提供接触自

图 6.33　医院阳台绿化
（图片来源：https：//baijiahao.baidu.com/
s？id＝1676079259322809263&wfr＝spider&for＝pc）

图 6.34　德国赫利奥斯医院候诊区绿化
（图片来源：https：//doclandmed.com/en/germany/clinic/
the-helios-clinic-berlinbuch-heliosbuch）

然的机会。在患者活动厅可设置连续大玻璃窗，利用高层的优势，居高远眺，开阔视野；在病房空间中，窗台高度应适宜设置，使患者能卧视室外景观。躺在床上的患者的视平线高度一般为 700 mm 左右，因此宜将医院病房窗台高度设计在 600 mm左右，也可以采用镂空栏杆减少视线遮挡，让患者拥有更广阔的视野。

6.3.2　全季性的户外景观营造

1. 全季性的户外景观营造——合理的植物配置

植物不仅可以为生硬呆板的空间环境创造柔和之美，还能给空间增加生机和活力，使其具有丰富、变化的视觉效果。植物展现出的生命力激发人们对美好事物的憧憬，对患者具有激励意义。树叶的色彩、摇曳、阴影及光线的变化都会引起患者的注意，植物四季色彩的变换，可以让患者感受生命的律动随季节的美妙变幻，带给患者美的享受（图 6.35）。

图 6.35 植物的季相变化

(图片来源 https://www.163.com/dy/article/E0QVHMTK0516DUEV.html)

万紫千红、争奇斗艳具有震撼人心的生命美感,植物的选择应充分体现季相变化,将乔木、灌木、矮篱、色带、季节性花草等相结合(图 6.36),选择丰富多彩的花形、花色,具有较长观赏期的树木,营造尺度亲切、景色优美、视觉清新的医疗环境,争取四季有景,减少北方医院秋、冬天的萧瑟气氛,使患者能感受到生命节奏。

图 6.36 医院室外空间季节性植物配置

(图片来源:http://www.360doc.com/content/21/0406/18/57815394_970884696.shtml)

结合气候的特点,使乔木的配置夏天可为人们的活动区域遮阴,冬天可落叶透阳光。在建筑场地冬季主导风向一侧种植常绿树木组成防护林形成屏障,防止冬季寒风,使整个场地环境具有全年的协调性和有效性。

2. 全季性的户外景观营造——生动的色彩搭配

北方医院的户外绿化景观,随季节的变化会产生不同的视觉效果。在严寒的冬季,很多植物难以生存,少数松柏点缀的户外绿化无法满足新医学模式下现代医院丰富多彩的气息,枯燥、萧条的植物色彩无法安抚患者焦虑、痛苦的情绪。可通过医院建筑外部的造型、色彩及室外雕塑艺术品等生动的暖色调色彩搭配(图 6.37),展现出健康向上、热情美好的户外环境,改变冬季冰冷黯淡的户外形象,让使用者感到温暖并充满生命力。例如,德国 Seekirchen 康复中心的外表皮采用树叶状,大面积绿色的造型充满生命力(图 6.38);瑞典斯堪大学医院应急及传染病防治中心丰富多彩的暖色调外观,成为周边区域极具视觉冲击力的地标,以热情的姿态迎接寒冷季节就医的患者(图6.39)。

图6.37　医院室外色彩

(图片来源:https://thatswhatshehad.com/cambridge-ma-things-to-do/)

图6.38　德国Seekirchen康复中心

(图片来源:https://sehw-architektur.de/projekte/gesundheitszentrum-seekirchen/)

图 6.39　斯堪大学医院应急及传染病防治中心
(图片来源:https://architizer.com/projects/emergency-and-infectious-
diseases-unit-skane-university-hospital-sus-malmoe-1/)

6.3.3　可持续的地域景观表达

1. 可持续的地域景观表达——结合自然环境

当代建筑在可持续发展的生态背景下,更强调建筑的自然地域性。医院室外景观的整体性设计应充分利用场地周边的地形、植被和水系等自然条件,减少对生态环境的破坏。例如,英国怀特岛圣玛丽医院的设计出色地结合了自然环境,其整体外部造型由 4 个"十"字形构成,十字相交的部分形成了楔形庭院空间,这个空间为医院各功能部分提供了充足的自然光和采光,南向十字展开布局又赢得了更多的太阳能,以及高效节能材料的运用,使建筑形成了节能体,并结合周围的湖泊和花园展现出美妙的整体景观(图 6.40)。

对地势的巧妙运用,不仅体现了对自然的尊重,而且通过地势的变化营造不同层次的空间景观,能带给医院使用者多元化的空间体验,增加趣味性。例如,西藏自治区丁青县藏医院,巧妙地利用地形高差,尊重地势本性特征,让建筑立于断坎之上,成为南北联系的纽带,同时兼顾功能需求,挖掘出新的建筑空间格局及组织模式,把平地留给人们活动,让建筑与断坎融为一体(图 6.41)。

2. 可持续的地域景观表达——融合文化特色

医院是城市的重要组成部分,是城市景观环境的实体细胞,延续城市地域景观特色,与城市文化完美结合,创造与城市和谐共生的医院景观是体现可持续理念的重要表现。医院建筑外部空间形式可结合地域文化,汲取和沿用传统建筑语汇,反映地方历史和文化因素,在保证历史延续的同时,增加医院使用者的亲切感和认同感。

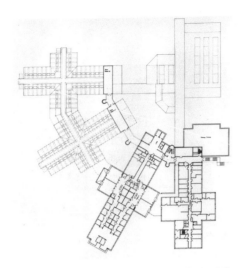

图 6.40　英国怀特岛圣母玛丽医院平面图
（图片来源：https：//abkdublin.com/project/st-marys-
hospital-isle-of-wight/）

图 6.41　西藏自治区丁青县藏医院
（图片来源：https：//www.gooood.cn/dingqing-county-tibetan-
hospital-bazuo-architecture-studio.htm）

　　例如，西藏自治区藏医院的设计将传统的藏式建筑形制和元素运用到现代建筑的布局中，和布达拉宫隔路相望，继承了传统藏式建筑上小下大的楔形做法、倾斜有利于排水的外墙面、深邃的窗洞等特征，是融合传统文化的当代藏式建筑（图6.42）。又如，汶川地震后重建的平武县人民医院的造型设计，融合了城市建筑文化，从传统民居中提炼了经典符号，坡屋顶和院落式的造型将医院建筑融入整个城市肌理中，并且利用屋顶设备夹层，设计了双层屋顶，起到隔热、防晒的作用；穿斗木结构的传统建筑语言表达让人倍感亲切；毛石廊柱是地方材料的技术与艺术的传承（图6.43）。

图 6.42　西藏自治区藏医院
（图片来源：张曙辉. 西藏自治区藏医院
[J]. 城市建筑,2011(6):68-70.）

图 6.43　平武县人民医院
（图片来源：https：// baike. so. com/
gallery/list? ghid=first&pic_idx=3&eid=
4034681&sid=4232401）

6.4　本章小结

本章提出了新医学模式下医院景观的设计对策。首先，相较于人工景观，自然特征明显的景观对患者心理应激恢复作用更佳，在医院景观设计中应更加注重与人的互动关系，以实现形式美的升华。其次，基于功能性理念，从多元化的空间环境营造、生机化的道路交通组织、人性化的设施标识设置诠释了医院景观的形式美设计。最后，基于整体性理念，从全方位的绿化景观设计、全季性的户外景观营造、可持续的地域景观表达等方面说明了医院景观的伦理美设计。

第 7 章 疗愈性环境设计策略

7.1 路径因子影响下的设计策略

7.1.1 降低距离感

医院街是大型综合医院常用的医疗建筑设计模式,在简化传统医疗建筑内部空间流线的同时,也引发了患者就诊流线较长的问题,这在一定程度上造成了导引难度上升、人群情绪压力增大等不良后果。在心流理论的研究方法中,空间设计策略以该理论的结果因素为目的,降低使用者的路径距离感。

(1) 尺度适宜——空间延伸。

空间尺度影响人的心理情绪,实验研究表明,空间的延展性对人的注意力有着引导的作用,狭长的空间容易引起人的恐惧心理。随着医院交通空间的横向与竖向的展开,人们的注意力也随着空间的延伸而发散。具体可参考香港大学深圳医院的医院街。在设计中,建筑师将街面宽度进行了延伸,配合顶层天光,形成良好的室内街空间环境(图7.1);此外,横向延伸的街空间分散了人群对相对拥挤的诊室一侧的关注,为公共空间的各设施、景观、人群行为活动等提供场地、空间,由此形成了一系列积极刺激(图7.2),医院街上的行走人群对于距离的感知由此减弱。

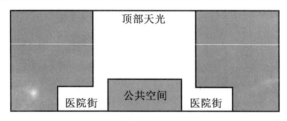

图 7.1 香港大学深圳医院公共空间分析图

通常,空间延伸需要较大的场地面积,在无法满足大面积室内活动空间的前提下,可利用视觉上的空间延伸,其中最主要的方法为使用大量幕墙的景观渗透做法,由于气候限制,多应用于南方。康华医院的庭院景观与中山大学岭南医院的医院街景观渗透做法如图7.3、图7.4所示,立面幕墙将室外景观通过透明玻璃引入室内。此做法可结合休憩空间,形成交通节点。

第 7 章　疗愈性环境设计策略

图 7.2　香港大学深圳医院的医院街实景图

图 7.3　东莞康华医院医院街景观

图 7.4　中山大学岭南医院医院街景观

(2)路径分解——节点设计。

建筑中的心流理论强调以动态的视角研究人在空间内的行走过程,人流的长距离行走所经过空间内的各类因素影响着人的心流。环境心理学表明,当人在纵向空间内的流线所通行的空间一成不变、缺少环境刺激时,厌烦情绪将显著增加;而在医院空间内,人群更伴随着焦虑、紧张等负面情绪,对流线的距离感受明显拉长,这时就需要对路径进行分解,以调整心流。

①节奏式节点设计。

节点将长距离的行走路径打破分解,变成分段式的纵向空间。但未经统一设计的节点空间无法形成与医院建筑相匹配的空间体系。因此,节点体系的规律性和节点空间内容的统一性是十分必要的。

基于医院门诊和就诊区域的规律性,可将就诊区以模块形式划分,两个科室为同一诊区,并以共用的内部庭院为中心节点环绕布局,以供就诊人群就诊、休息、活动;以医院街串联各诊区,为了打断过长的街道流线,采用入口分流的做法来分解路径(图7.5),每个诊区由入口、候诊、诊室、庭院、走廊5个部分构成,其中以标志性的半室外入口空间和小庭院为节点(图7.6),形成了极强的规律性;各个入口空间环境风格一致,但不同诊区带有自身的标识性,如儿科部分的墙面设计、铺地装修等。这种规律布局、风格一致的节奏式设计呈现在医院街的人行流线中,往往带给人群以掌控感和安全心理:使用者进入医院街空间,每走过一段诊区便会经历一段开敞空间、庭院绿化、景观渗透,充分把握医院街内自我的流线节奏;规律的模块式诊区配合景观节点,使人熟悉该医院的就诊路线模式,也便于后来患者的行为效仿。

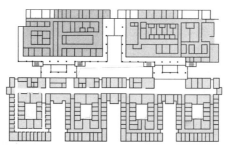

图7.5 东莞康华医院首层平面图

②多样化节点设计。

节奏式节点设计具有较高的统一性,在长距离的街空间中容易引起行者的误认而导致方位感缺失,因此在规律性的节点设计中应注意节点空间内部元素的多样性;同时,非节奏式的节点设计依靠多样化来划分空间、提升趣味性。

例如,广东省中医院大学城医院采用了多样化的节点设计,将完整的街空间划分为附属于门诊区各功能区域的拓展空间,并以庭院和四季厅为节点(图7.7),使动机能的空间;等等。从生理、心理及社会多方面为使用者提供多层次、多元化的空间环境需要充分利用室外空间。

7.1.2 提升秩序性

医院街空间是医院街疗愈环境的客观存在,良好的医院街空间设计必然要充分考虑其服务的人群和功能构成。医院街的空间功能丰富,它既要创造科学的就诊流线,丰富的空间变化,又要实现功能多样性,这样才能充分考虑人的身心需求,营造人性化、高效性的医院街疗愈环境。

通过对使用者行为的观察,作者发现行走中的停滞行为在医院街空间内是普遍存在的,其中包括短暂停留、慢速行走、行走速率间歇性放缓等情况,这表明了街空间虽然是一个整体,却包含了多种状态的人群流动类型。前文的路径分解从纵向分析人行流线,将其简化为"线"来降低人对距离的敏感程度;在横向剖面以空间视角看待流线时,可将街空间以人行速率进行划分,从而提升医院街空间的秩序性。

人行速率的影响因素来自主观与客观因素,目标明确、时间紧迫的患者或陪同者追求直达性,需要无阻碍的通达空间以提升步速;处于等候阶段或完成就诊的使用者流线更加随意。在主观因素方面,高速行走者通常主动进入通达无碍的区域,甚至选择绕远;停滞者主观上亦倾向于无碍区域,但往往更容易为环境装饰所吸引,转而脱离高速行走者的人群。例如,美国印第安纳州心脏病专科医院的医院街在远离功能房间的一侧设置休憩座椅与绿植盆栽(图7.9),吸引有停滞需求的人群前来休息、放松,从而形成了良好的速率分层空间。

图7.9 美国印第安纳州心脏病专科医院

(图片来源:https://www.callisonrtkl.com/projects/indiana-heart-eq/)

香港大学深圳医院的街空间模式也明显考虑了速率分层的做法,其空间分层方式更为丰富,以设施、景观吸引人群,并将结构柱作为空间划分的界限。如此,靠近诊室的医院街区域形成了高速行走的通道,而两侧座椅为有休憩需求的人群提供相应设施,更加远离诊室方向的公共空间则为等候人群、儿童等提供了漫步、玩

图7.6　东莞康华医院入口实景图

患者置身于自然环境中,配合天光的使用,大幅度提升街空间的环境质量。此外,医院街座椅配合竹林的节点设置于医院街的两个终端,大大减少了对交通空间通达性的影响(图7.8);同时,在视觉上一目了然,患者在远处,目之所及即为竹林与休憩座椅,大幅度降低了患者的焦虑情绪。

图7.7　广东省中医院大学城医院庭院空间

图7.8　广东省中医院大学城医院医院街

(3)过渡空间。

医院建筑室外空间的使用者主要有员工、探访者和不同程度的病人等。如果仅有入口广场、道路红线内的绿化以及零星的座椅是不能满足新医学模式下使用者心理和社会需求的。不同使用者需要更加多元化的空间,如体育运动和锻炼的空间;聚会和体验社交的空间;接近自然、开展娱乐活动的空间;刺激感官和提高活

(2)路径分解——节点设计。

建筑中的心流理论强调以动态的视角研究人在空间内的行走过程,人流的长距离行走所经过空间内的各类因素影响着人的心流。环境心理学表明,当人在纵向空间内的流线所通行的空间一成不变、缺少环境刺激时,厌烦情绪将显著增加;而在医院空间内,人群更伴随着焦虑、紧张等负面情绪,对流线的距离感受明显拉长,这时就需要对路径进行分解,以调整心流。

①节奏式节点设计。

节点将长距离的行走路径打破分解,变成分段式的纵向空间。但未经统一设计的节点空间无法形成与医院建筑相匹配的空间体系。因此,节点体系的规律性和节点空间内容的统一性是十分必要的。

基于医院门诊和就诊区域的规律性,可将就诊区以模块形式划分,两个科室为同一诊区,并以共用的内部庭院为中心节点环绕布局,以供就诊人群就诊、休息、活动;以医院街串联各诊区,为了打断过长的街道流线,采用入口分流的做法来分解路径(图7.5),每个诊区由入口、候诊、诊室、庭院、走廊5个部分构成,其中以标志性的半室外入口空间和小庭院为节点(图7.6),形成了极强的规律性;各个入口空间环境风格一致,但不同诊区带有自身的标识性,如儿科部分的墙面设计、铺地装修等。这种规律布局、风格一致的节奏式设计呈现在医院街的人行流线中,往往带给人群以掌控感和安全心理:使用者进入医院街空间,每走过一段诊区便会经历一段开敞空间、庭院绿化、景观渗透,充分把握医院街内自我的流线节奏;规律的模块式诊区配合景观节点,使人熟悉该医院的就诊路线模式,也便于后来患者的行为效仿。

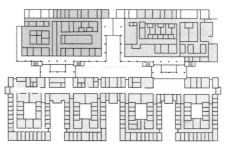

图7.5 东莞康华医院首层平面图

②多样化节点设计。

节奏式节点设计具有较高的统一性,在长距离的街空间中容易引起行者的误认而导致方位感缺失,因此在规律性的节点设计中应注意节点空间内部元素的多样性;同时,非节奏式的节点设计依靠多样化来划分空间、提升趣味性。

例如,广东省中医院大学城医院采用了多样化的节点设计,将完整的街空间划分为附属于门诊区各功能区域的拓展空间,并以庭院和四季厅为节点(图7.7),使

图 7.2 香港大学深圳医院的医院街实景图

图 7.3 东莞康华医院医院街景观

图 7.4 中山大学岭南医院医院街景观

第7章 疗愈性环境设计策略

7.1 路径因子影响下的设计策略

7.1.1 降低距离感

医院街是大型综合医院常用的医疗建筑设计模式,在简化传统医疗建筑内部空间流线的同时,也引发了患者就诊流线较长的问题,这在一定程度上造成了导引难度上升、人群情绪压力增大等不良后果。在心流理论的研究方法中,空间设计策略以该理论的结果因素为目的,降低使用者的路径距离感。

(1)尺度适宜——空间延伸。

空间尺度影响人的心理情绪,实验研究表明,空间的延展性对人的注意力有着引导的作用,狭长的空间容易引起人的恐惧心理。随着医院交通空间的横向与竖向的展开,人们的注意力也随着空间的延伸而发散。具体可参考香港大学深圳医院的医院街。在设计中,建筑师将街面宽度进行了延伸,配合顶层天光,形成良好的室内街空间环境(图7.1);此外,横向延伸的街空间分散了人群对相对拥挤的诊室一侧的关注,为公共空间的各设施、景观、人群行为活动等提供场地、空间,由此形成了一系列积极刺激(图7.2),医院街上的行走人群对于距离的感知由此减弱。

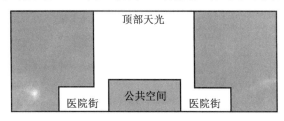

图7.1 香港大学深圳医院公共空间分析图

通常,空间延伸需要较大的场地面积,在无法满足大面积室内活动空间的前提下,可利用视觉上的空间延伸,其中最主要的方法为使用大量幕墙的景观渗透做法,由于气候限制,多应用于南方。康华医院的庭院景观与中山大学岭南医院的医院街景观渗透做法如图7.3、图7.4所示,立面幕墙将室外景观通过透明玻璃引入室内。此做法可结合休憩空间,形成交通节点。

图 6.42　西藏自治区藏医院
（图片来源：张曙辉. 西藏自治区藏医院[J]. 城市建筑,2011(6):68-70.）

图 6.43　平武县人民医院
（图片来源：https：// baike. so. com/gallery/list? ghid=first&pic_idx=3&eid=4034681&sid=4232401）

6.4　本章小结

　　本章提出了新医学模式下医院景观的设计对策。首先,相较于人工景观,自然特征明显的景观对患者心理应激恢复作用更佳,在医院景观设计中应更加注重与人的互动关系,以实现形式美的升华。其次,基于功能性理念,从多元化的空间环境营造、生机化的道路交通组织、人性化的设施标识设置诠释了医院景观的形式美设计。最后,基于整体性理念,从全方位的绿化景观设计、全季性的户外景观营造、可持续的地域景观表达等方面说明了医院景观的伦理美设计。

乐等分散注意力的空间。从平面图上(图7.10)可见,医院街整体被划分为两个部分,即逗留停滞的中心区与快速通行的两侧步道,速率鲜明地对街空间进行了分层。

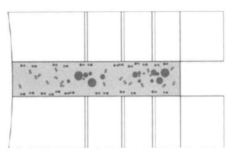

图7.10　广东省中医院大学城医院
医院街平面图

同时,由于不同地区、类型的医院内,各科室接诊频率、患者密度有所差异,对于患者密度较大、候诊人群多的部分区域,设计者应着重考虑与其衔接的无阻碍行走空间的尺度,为候诊区外溢人群预留出一定的空间,防止其阻塞交通区域。

7.1.3　增强耦合性

医院街为交通空间,与医院街直接联系的功能空间以入口厅和等候空间为主。其中,等候空间主要指候诊区及需要排队的药房与挂号厅等,这样的空间内,人们的行为趋于静态,个人活动范围较小,相比于医院街空间自身的流动性有着很大的差异。在这样的与交通空间不同却又紧密结合的空间中,从心流理论出发,针对空间特征提供相应的建筑反馈策略,从而增强反馈与空间的耦合性,是心流理论在医院街空间设计策略研究中全面应用的体现。

(1)强化入口空间的前导作用。

医疗建筑功能性极强,其入口空间的前导作用主要指人群分流与心理前导,其中前者为功能作用,后者为心理作用;前者讨论人流,后者讨论心流。本书以心理前导为主要研究内容。

心理前导是入口空间带给人的医院整体印象与后续空间预期。入口空间作为前导空间,需要将使用者的心理目的细化为清晰的行动目标,并保证使用者在心理上对后续的医疗空间有一定的预期与判断,从而提升心流理论结果因素中的人对空间的掌控感。广东省中医院大学城医院的入口空间以中医元素的屏风为核心,为整个医院奠定了中医的主体基调,文化特质明显,同时形成了明确的空间轴线,符合中国传统的布局观(图7.11);次入口同样以中国古典元素的构筑物为标志物(图7.12),首尾呼应,提醒着人群空间的开端与收束。

图7.11　广东省中医院大学城医院入口空间　　图7.12　广东省中医院大学城医院次入口标志物

一些案例的入口空间更加注重行动目标到心理目的的转化,即导引能力。在这种前提下,入口大厅中占主导位置的往往是总导引台或大型扶梯,这与医院自身功能分布有着一定关系。东莞市人民医院的入口大厅以平面导引牌和大型主要楼梯为主导,带有明显的导向性(图7.13);人工导引台作为辅助置于大厅两侧,帮助使用者清晰自己的行动目标,提升就诊效率。

(2)丰富等候空间的环境内容。

调研发现,以等候为人群主要动作的场所容易引起人群的负面情绪,其主要原因在于等候空间的拥挤、等候行为本身的乏味与焦急等。因此,在医院街等候空间的设计中,一方面要保证等候者对信息的接收,防止错过叫号、脱离排队队伍等;另一方面则要分散人本身的富余精力至其他事物,减少等候过程中的烦躁情绪。因此,等候空间首先要保证通达的视线、准确的信息传递,还要注意环境质量的提升与趣味性,我们将其称为环境内容。

①保证信息传递。

医院街与候诊空间的联系紧密程度取决于医院设计采用的候诊方式。通常候诊区从空间联系上来讲可分为隔离式候诊、开放式候诊、半隔离式候诊。开放式候诊方式通常作为二次候诊,融入医院街空间,如广州医科大学附属番禺中心医院的二次候诊区;半隔离式候诊一般没有隔断隔离医院街,但有明确的候诊空间,布局上并未融入医院街,等候者可自由穿梭于两个空间,在医院街内也可对候诊区的信息一目了然,如东莞康华医院的候诊空间;隔离式候诊有着明确的墙体分隔医院交通空间与候诊区,私密性优良,但也限制了候诊区人群的自由性,如佛山市第一人民医院候诊区。私密性更好的隔离式候诊由于空间的封闭性,信息的传达效率通常更高,而开放式候诊往往需要额外配置人员与叫号设施,以防止就诊信息的延误传达和遗漏(图7.14)。

广州医科大学附属番禺中心医院的医院街候诊区(图7.15、图7.16)既满足空间自由开放,又能保证信息传递的有效性,其主要特征在于利用结构柱、设施座椅等明确限定了半开放的候诊区,并以每个模块的药房、收费窗口等作为候诊区的围合墙面,使得候诊区三面为实体界面,面向医院街一侧则为开敞界面,形成稳定的空间感。

图 7.13　东莞市人民医院入口标志物

图 7.14　广州医科大学附属番禺中心医院二次候诊区

图 7.15　广州医科大学附属番禺中心医院的医院街候诊区

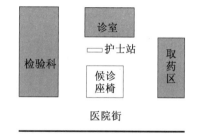

图 7.16　广州医科大学附属番禺中心医院的医院街候诊区平面图

在药房与挂号厅等排队等候空间案例中,东莞市第三人民医院药房为了拓展休息座椅的数量,又要保证使用者不错过各类信息,在设计中应用了分隔空间的隔墙开窗(图 7.17),保证隔墙两侧的人都能够及时收到讯息,最大限度地减轻了等候区的人群密度压力,并提供了更多座椅设施。

②提升环境质量。

以排队等候为主的药房、挂号区与医院街联系更加紧密,但这一部分等候空间流动性更大,人群行为更趋于动态,更重要的是,药房、挂号区域集中了各年龄段的人群,行为类型更为复杂,需求也相应增多。东莞市人民医院的药房大厅为缓解人群的等候压力,设置内庭院供人群活动(图 7.18),在引入绿植景观的同时也对药房大厅的采光做了补充。在庭院内,作者观察到了不同年龄、身份的人发生的不同行为,如嬉戏的儿童、吸烟的男性、打电话的患者等,说明室外空间对不同等候者有不同的作用,减小了等候区的人群密度。中山大学附属第三医院岭南医院的收费

图 7.17　东莞市第三人民医院隔墙开窗

窗口排队处,大片的透明玻璃带给不便四处走动的排队者充足的光线和景观,医院在排队区顺应窗墙形状设置座椅,充分利用了空间边缘(图 7.19)。

图 7.18　东莞市人民医院内庭院　　图 7.19　中山大学附属第三医院岭南医院收费窗口

相似的做法还存在于广东省中医院大学城医院的隔离式候诊室(图 7.20),该院采用多个候诊室共用同一庭院的做法,在拥有良好的信息传递能力的同时也引入了大量的室外景观及休憩空间(图 7.21),短时间等候的患者可以透过窗户欣赏室外景观,长时间等候的患者则可以漫步庭院,适当放松。

图7.20 广东省中医院大学城医院隔离式候诊室

图7.21 广东省中医院大学城医院庭院空间

提升等候空间环境质量的方式不仅局限于庭院的引入,改善设施形式、设计室内色彩也是常见的方法,等候空间的设施主要集中于坐具等休息设施和适宜的光照补充。色彩固有属性特征总结表见表7.1。医院环境显然更加适合平和宁静的颜色,如白色,但大面积的白色已然成为医院空间的印象颜色,不免为使用者带来冰冷、枯燥的心理暗示。西班牙Porreres医疗中心以白色为基调,在候诊区乃至整个医院都加入了大面积的正黄色,令人眼前一亮;同时,使用木质座椅搭配空间色彩,相得益彰又充满温暖的格调,相比于金属座椅与白色墙面的搭配更具有人性化特征(图7.22)。

表7.1 色彩固有属性特征总结表

色彩	特征
黑色	权威与低调,常使用于庄重的场合
灰色	诚恳、沉稳、智能、权威
白色	纯洁、神圣、善良,也象征了开放
深蓝色	务实、保守;过多的深蓝色给人呆板、乏味的感觉
棕色	高贵典雅;沉闷、缺少活力
红色	热情、活力、自信;适用火爆的场面
粉色	温婉、甜美、浪漫;能够安抚情绪
橙色	坦率、开朗、健康
黄色	明度极高,代表信心、聪明和希望
绿色	和平、自由;清新的活力
蓝色	灵性与知性;代表诚实、信赖
紫色	优雅、浪漫、神秘

图 7.22　Porreres 医疗中心候诊区

（图片来源：http：//archgo.com/index.php?Itemid=100&catid=56：hospital&id=1394：porreres-medical-center-maca-estudio&option=com_content&view=article）

③丰富空间信息。

调研发现，医院街人群有着分散等候精力的需求。在医院街行走时，肢体行为及经历的场所变化分散了人们大量的注意力，这时候人群对街空间内的各类刺激常常会呈现忽略的状态；但在静态的等候行为中，人们为了缓解等候引起的厌烦情绪和人群聚集引发的个人距离焦虑感，会自发获取更多其他信息。具体行为表现在等候区的患者或陪护玩手机、无目的地踱步、观察宣教展板等。因此，应丰富等候空间内的信息，使之刺激人群，分散无处利用的额外精力。可用于丰富建筑空间的信息种类繁多，大致可分为阅读信息和环境信息两类。

北京中日友好医院在候诊区设置了宣教展览栏，供等候中的患者阅读，增长健康知识。但展板悬挂的位置大多位于座椅之上，坐立的人群抬头无法方便地阅读，站立的人群距离展板过远，亦不便于观看，造成了信息获取困难的局面，因此，该候诊区虽然为患者引入了阅读信息，但效果并没有完全发挥（图 7.23）。广东省中医院大学城医院将阅读信息内容设置于流动性更强的入口交通走道，其信息扩散面虽然更广，但匆忙行走的人群较少能够驻足获取完整的信息（图 7.24）。

图 7.23　中日友好医院候诊区展板

图 7.24　广东省中医院大学城医院交通空间展板

湖南湘西保靖县昂洞基层慈善医院设计者在与候诊区相联系的交通空间墙面做了通透的处理(图 7.25),采用混凝土镂空砖这一本土材料,形成了美妙的光影效果。随着每天的时间变化,阳光在空间内的形状不断变换,半遮蔽的墙面引发空间内人群对外界的好奇心,在引入室外景观的同时又满足了室内遮阳、采光的需求。同时,镂空砖过滤的自然光线起到室内杀菌的作用,在心理上给予使用者以健康、积极的影响。这种墙体材料省略了窗的使用,又丰富了室内外的建筑形象,以一种新颖的处理方式带给室内患者室外的信息,并提供了正向心理暗示。

图 7.25　湖南湘西保靖县昂洞基层慈善医院镂空墙面
(图片来源:https://weibo.com/ttarticle/p/show?id=2309404560604483420220)

比起成年人,患者群体为儿童的医院候诊空间则需要更多的趣味性信息。例如,美国 Nationwide 儿童医院以丰富多变的色彩、活泼可爱的造型雕塑、柔和欢快的灯光减少儿童在医院内的吵闹不安,并设置开阔的空间供儿童活动,避免将其局限于座椅之间[图 7.26(a)];在构筑物的设计中,避免说教性质的知识灌输,转而以图画、生态缸等直观信息形式向孩子们传授生理与医疗知识[图7.26(b)]。毕竟医院不是学校，自然而有趣地提升儿童情绪并缓解家长的压力才是该空间反馈策略的目的。

(a) 医院街

(b) 候诊厅

图7.26 美国 Nationwide 儿童医院
（图片来源：https://zhuanlan.zhihu.com/p/20732911）

7.2 导引因子影响下的设计策略

7.2.1 导引系统的优化设计

医疗建筑的导引系统不同于其他公共建筑，它应当具有更加完善的信息内容，便于认知弱势的群体辨识。导引系统包含人工导引与自助导引，人工导引给予患者与陪护者的信息一般是准确、便捷的，不需要人脑进一步的信息判断，但在就诊密度大的医院内询问人工的难度较大、效率低，还有可能因为导引人员的态度问题而出现不快；自助导引要求阅读者自行筛选信息，效率高，但准确率可能下降，在四通八达的交通节点中常常力不从心。简言之，人工导引的服务性强，自助导引的效率更高，在医院的导引系统中缺一不可。

医院街相对于其他集中式医院，本就具备天然的引导作用，人们不容易迷路。医院街作为交通主轴，连接的功能太多，空间尺度要结合人的行为特征，增强空间环境可识别性，即要通过空间设计作用于人的行为，使得空间具备引导功能。医院中人来人往，如果没有合理、明显的引导，将给医患人员到达各自目的地带来巨大阻碍并增加在行走过程中的焦虑感，所以医院街必须有良好的引导空间，做好空间的引导与暗示。医院街内的引导功能主要通过空间引导和标识引导两种形式来达成。

1. 人工与自助导引的配合

人们在医院内的行为习惯更加倾向于自助导引。然而，导引信息在建筑流线空间感。

图 7.13　东莞市人民医院入口标志物

图 7.14　广州医科大学附属番禺
中心医院二次候诊区

图 7.15　广州医科大学附属番禺中心
医院的医院街候诊区

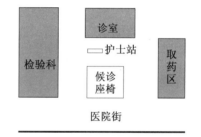

图 7.16　广州医科大学附属番禺中心医院的
医院街候诊区平面图

在药房与挂号厅等排队等候空间案例中,东莞市第三人民医院药房为了拓展休息座椅的数量,又要保证使用者不错过各类信息,在设计中应用了分隔空间的隔墙开窗(图7.17),保证隔墙两侧的人都能够及时收到讯息,最大限度地减轻了等候区的人群密度压力,并提供了更多座椅设施。

②提升环境质量。

以排队等候为主的药房、挂号区与医院街联系更加紧密,但这一部分等候空间流动性更大,人群行为更趋于动态,更重要的是,药房、挂号区域集中了各年龄段的人群,行为类型更为复杂,需求也相应增多。东莞市人民医院的药房大厅为缓解人群的等候压力,设置内庭院供人群活动(图7.18),在引入绿植景观的同时也对药房大厅的采光做了补充。在庭院内,作者观察到了不同年龄、身份的人发生的不同行为,如嬉戏的儿童、吸烟的男性、打电话的患者等,说明室外空间对不同等候者有不同的作用,减小了等候区的人群密度。中山大学附属第三医院岭南医院的收费

图 7.17　东莞市第三人民医院隔墙开窗

窗口排队处,大片的透明玻璃带给不便四处走动的排队者充足的光线和景观,医院在排队区顺应窗墙形状设置座椅,充分利用了空间边缘(图 7.19)。

图 7.18　东莞市人民医院内庭院　　图 7.19　中山大学附属第三医院岭南医院收费窗口

相似的做法还存在于广东省中医院大学城医院的隔离式候诊室(图 7.20),该院采用多个候诊室共用同一庭院的做法,在拥有良好的信息传递能力的同时也引入了大量的室外景观及休憩空间(图 7.21),短时间等候的患者可以透过窗户欣赏室外景观,长时间等候的患者则可以漫步庭院,适当放松。

7.2.2 空间环境的指向设计

1. 行走中的方位感指引

医院建筑部门众多、功能复杂、交通流线烦琐,空间的明晰性能够为使用者提供明确的导向和平和的就诊环境。明晰性首先体现在高效、简洁的流线组织上,为使用者提供高识别性的方位指引。

空间让人自发产生寻路行为,可理解为被动式引导,如采用空间大小对比、形状变化、楼梯、踏步等方式,或者运用不同材质,暗示功能空间的转换,引导人们顺利找到目标功能区。在空间界面上,通过对顶面天花板、照明,侧面材质变化,地面高差处理等方式,进行空间方向性的引导,能自然地暗示前进的方向。

空间环境导引的方位感机制与导引系统所提供的直接信息不同,前者以空间环境的规律性或特殊性刺激人的反应,引起行走者的方位感知。空间的存在价值是通过人的感知所体现的,空间的关系需要被感知才能得到认可。新医学模式下医院建筑景观的意境美表现在人对景观体验的感知上,从基本的生理知觉体验过渡到心理认知体验,最后升华为社会互动体验。从生理、心理、社会多方面满足使用者对景观的审美体验。

英国伦敦西部的米德尔塞克斯医院中,设计者在医院街设置步行楼梯,伴随中心庭院形成街空间的方位节点,标志性明显,同时保证了良好的采光环境。该医院由于自身地理位置原因,所接待的患者大部分不擅长英语,使得医疗建筑惯有的标识系统在此无法发挥应有的作用。因此,直接的流线和空间环境导引在米德尔塞克斯医院成为方位导引的主要方法。患者自主入口大厅进入医院街,直接接触人工导引台,经历一段充满阳光的街空间后,候诊空间、庭院与楼梯的组合场所映入眼帘,形成"进入就诊区域"的印象;而后前行至第二处相似的空间场所,由于之前空间环境导引的印象生成,行走者会自然地认定该区域的功能作用,从而达成了空间环境导引的方位感认同(图7.34)。

荷兰莱茵州医院是750床位规模的大型医院,刚建成时可满足荷兰阿纳姆市的近3万人的就医需求。整个医院以室内中心大厅为核心,向入口以外的3个对角方向发散医院街空间,每条医院街自成模块,形成网格系统(图7.35)。在中心发散的平面布局中,该院的中心大厅成为最重要的空间导引节点。但同时,约900 m^2 的中心大厅对于空间使用者而言是大体量空间,且四面围合立面形式一致,很难掌握方位感。因此,为了更好地利用入口大厅的大体量空间,设计师于二层上空设计天桥贯穿整个大厅,并将一层以开放式隔断、构筑物划分为四大空间区块,从而赋予中心大厅充足的方位指引能力,并极大地增强了建筑空间的趣味性。

2. 竖向空间的导引延伸

医院街的概念最初来自购物商场,因而最为典型的医院街空间与购物商场模

图 7.34　米德尔塞克斯医院
（图片来源：郝晓赛，干颖滢，龚宏宇.医院建筑设计研究与实践[J].
建筑实践，2022（1）：16-32.）

图 7.35　荷兰莱茵州医院

式相似，中部街空间采用通高处理，顶棚天光，使各层人群都可以清晰地观察医院街上的动态。这样的空间结构使得医院街的导引因子不仅存在于行走平面内，在竖向空间也有着发挥的价值。

　　医院街模式要求功能整合，从商业步行街的发展中吸取了宝贵的经验，创造公共空间，丰富就诊体验，使之拥有展示宣传、娱乐休闲、社交等重要功能，并具有一定的文化含义。公共空间布局特点是以中庭或门诊大厅为中心，辅助局部廊道、平台、座椅区等空间，在医院街中有节奏地形成人员聚集区域，以便不受其他就诊流线干扰，缓解就诊的紧张情绪，营造一种有效的疗愈环境。公共空间周边联系各功能的出入口，开放性的公共空间增强了医院街空间的人情味、服务性、交往性，改变的交汇处最为复杂,在入口、流线分叉这样的节点上,仅仅依靠导引标识牌是远远不够的。在调研中发现,内容过于详细、文字与图示过多的导引牌鲜有利用,患者和陪护者很少愿意从复杂的信息中筛选自己的目标,在没有足够明确、简单的导引标牌的情况下,人们更倾向于直接走向人工导引台或在挂号窗口处直接询问。例如,东莞市人民医院入口大厅的大型导引牌(图7.27),是该医院信息最详细的导引标识项目,在不同时间段内的3次观察中,该导引牌的使用次数在大厅内的导引系统中是最低的,如此一来,位于最显著位置的导引总牌反而成为利用率最低的导引内容。但这样的信息导引牌兼备院区介绍的功能,有着一定的总览功能。

(a) 入口大厅　　　　　　　(b) 导引牌

图7.27　东莞市人民医院

相似的情况在中山大学附属第三医院岭南医院也有出现,但该医院的入口厅与挂号区、药房并联共享,空间一目了然,导引信息大部分由空间环境导引承担。入口处同样设置标识牌,但配合了位置明显的人工导引台,做到了人工与自助导引的配合。而在医院街流线分叉的节点处,空间指向了3个方向,标识牌在这样的复杂空间中极易造成误解,因而人工导引台成为主要的导引方式,且导引台设计成圆形,面向各个方向,位置明显,形态亲和。在每个方向的开端都设有标识牌,明确标示该街道的终点,方向唯一,不会引起误解(图7.28)。

总体而言,人工与自助导引的配合关键在于信息的分配上,复杂信息由人工导引进行说明,而简单信息可由标识牌、标识图案显示。在实际的应用中,应当避免大量说明性文字和信息堆砌出现在自助导引中,简单易懂的图案、适宜大小的文字更适合作为自助导引的内容。

2. 导引系统的细节深化

(1) 导引系统的层级化处理。

在人工导引与自助导引相配合的前提下,导引内容需要层级的划分才可成为系统式的设计。调研中发现,人工与自助导引间没有明确的层级关系,二者可以互

图 7.28　中山大学附属第三医院岭南医院标识导引系统

为上级,这通常取决于该医院导引系统的智能化程度,即系统智能化程度高的医院中,人工导引所在主要层级往往更低。

很多患者初入医院时并不清楚自己应当去哪一类科室诊断疾病,人工导引可对信息进行"总—分"式分配,而后由自助导引帮助行人细化目标方向,同时,人工导引也对信息细节进行处理。广州医科大学附属番禺中心医院采用了分区化的自助导引系统,这种方式将医院街空间进行分区,每一区域有明确的区域名称标识(图 7.29)。患者进入医院街空间后,直接通过人工导引或分区说明确定自己的目标区域号码,而后进入街空间寻找区号即可。这种方式将使用者具体的目标转化为简单的标号语言,化繁为简,化零为整,大幅度提高了导引效率。

标识引导是一种主动式引导,是医院寻路设计的重要部分。在空间引导的基础上,通过在不同界面不同节点植入硬件设施、材质应用、肌理颜色、搭配引导性图文说明,对就诊人员提供明确的导向体系,总体来说,就是达到为人指路的效果。常见的硬性标识设施包括引导指示牌、电子屏、分诊台等,软性引导一般可以分为色彩引导系统、图文引导系统、多媒体引导系统等几种类型。由于缺少良好规划,部分医院街内存在随意张贴的告知,如医院街走道及电梯厅的墙上,造成杂乱无章的图文布置,让人心情烦躁、毫无方向之感。

哈尔滨医科大学附属第一医院群力院区同样以区块划分来处理导引系统,作者扮演患者对导引人员加以询问,发现导引人员的回答方式统一为"某层某区",言简意赅,与以往医院导引者的具体方位描述有着很大差别,但精准度却大幅提升

(图7.30)。这也是人工与自助导引配合良好的案例之一。

图 7.29　广州医科大学附属番禺中心医院导引系统

图 7.30　哈尔滨医科大学附属第一医院群力院区医院导引系统

(2)自助导引的形式选择。

调研中发现,自助导引形式不仅限于标识导引牌,空间场所不同,导引标识的多样性也展现出来。除以文字内容为主的标识牌外,连续的条带型标识和图案型标识也是医院街空间常见的导引标识类型,在案例调研中,几乎每个医院都有以上3类标识导引类型。以标识牌位置划分,上述3类标识可描述为天棚标识牌(图7.31)、墙面标识物(图7.32)、地面标识物(图7.33)。实验结果显示:在2.5~7.5 m的街空间宽度内,天棚标识牌对人眼的吸引力逐渐下降,并最终低于地面标识物的数据;墙面标识物在7.5 m宽度的空间内有着更高的眼动热度,说明在宽度7.5 m的街空间中人眼对墙面的注意力高于相对较窄的空间。

总体来讲,实验结果显示,眼动热度随着街空间宽度的加大而向两侧扩散,人眼在2.5 m近似走廊的窄间距纵向空间中更加倾向于关注上方的标识牌,而在较宽的纵向空间中会对地面和墙面有更多关注。实际的医院街尺度通常在5 m以上,且连续墙面的利用可能性较低,大部分标识还是集中于天棚标识牌和地面标识物上。根据实验结果,在5 m以上的医院街空间内,随街宽数据的上升,地面标识

图 7.31 天棚标识牌

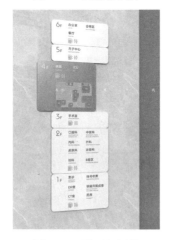

图 7.32 墙面标识物

图 7.33 地面标识物

物的关注热度相应增大,在设计中应当加以更多利用;天棚标识牌是目前我国综合医院使用的最普遍的标识方式,应当配合其他标识共同提升导引系统的效率。

了以往医院公共空间的枯燥乏味氛围,也使医院环境从严肃、冷峻向温暖、贴心迈进了一大步,更有助于医院街疗愈环境的形成。

宽敞、通长的医院街已经不再是简单的交通干道,在其中人来人往,为了提高医疗效率,很多辅助功能都设于医院街,以便医患人员操作。常见的辅助功能有分诊、咨询、宣展、电子挂号、打印等,但是在实际调研中发现,辅助功能很多是临时加上的,难免弄巧成拙,使得医院街内功能凌乱,有失协调管理,这些辅助功能虽然完善了医疗功能,但在布置数量、位置、效果上存在不尽人意之处,多股行为不同的人潮拥挤在一处,降低了医疗效率、室内环境品质及使用体验舒适感,带来不利于疗愈的因素。

香港大学深圳医院的医院街活动空间充足,整个门诊空间包含了景观花坛、展览台、宣教区等活动区域,并完全暴露于公共空间内,没有墙体分隔(图7.36)。位于医院街上方的人群可随时关注医院街,以其中的各个节点为导引标志物,快速而高效地判断自己的方位,并便于找到距离目标最近的扶梯。这种方式增强了上层空间人群的安全感,使人在各层都具有充足的方位意识;采光充足、均匀,大幅提升了空间环境质量,增强了一层景观节点的利用率。同样的模式在广东省中医院大学城医院也可见到,开敞的医院街上空为与中医文化相配合的竹的种植提供了条件,使得上层的人群也可直接欣赏植物景观,从而将医院街的景观环境带给更多患者,活化了上层空间(图7.37)。

图7.36 香港大学深圳医院中心景观　　图7.37 广东省中医院大学城医院中竹的种植

荷兰Zaans医疗中心的医院街分为两层,都作为门诊的服务区域(图7.38)。为了使上下空间有更多的联系,二层的门诊街采用了异形设计,半圆形的孔洞配合弧线楼梯成为整个医院室内标志性的设计,减少了一层平面中幕墙的设计限制。设计者巧妙地将一层的导引台、休息区等重要空间区域暴露于二层空间,帮助二楼的人们掌握自己的方位所在;而弧线形成的界面本身对于二层的行人也是一种标志,亦是整个医院的标志物(图 7.39、图 7.40)。

(a) 底层平面图　　　　　　　　(b) 二层平面图

图 7.38　荷兰 Zaans 医疗中心平面图

(图片来源:https://www.gooood.cn/zaans-medical-centre-zaandam-by-mecanoo-architecten.htm)

图 7.39　荷兰 Zaans 医疗中心剖透视

(图片来源:https://www.gooood.cn/zaans-medical-centre-zaandam-by-mecanoo-architecten.htm)

图 7.40　荷兰 Zaans 医疗中心实景图

(图片来源:https://www.gooood.cn/zaans-medical-centre-zaandam-by-mecanoo-architecten.htm)

7.2.3 导引与空间的融合设计

调研中发现,导引标识遍布医院建筑内外,经过设计的导引标识不仅可提升整个医院环境的质量,还可以清晰地表达信息内容。优秀的医院建筑设计中,导引系统与空间环境相辅相成,导引系统形式、色彩醒目耐看,同时能与周围空间环境合理共存。但在我国目前的医院建筑设计中,对导引标识与空间环境关系的研究较少,医院导引系统中的自助导引内容通常作为独立于建筑设计之外的设计项目,这在一定程度上阻碍了导引标识设计的质量。

1. 匹配医院环境氛围

在保证信息明晰、传递无阻的情况下,标识导引的载体可以隐匿于空间环境,从而保证医院环境的和谐,减少过度标识带来的厌烦感。优秀的导引标识设计体现着充足的人文关怀,是建筑设计中细节的体现。目前我国的导引标识设计停留在传达信息的层面,对环境的融合设计考虑较少;医院设计以交通流线和空间设计为主要内容,对标识导引的投入并不充足,这导致了平面设计与建筑设计的脱节。

整体性设计的理念即把医院景观视为一个整体系统,在设计中统筹规划,各部分的景观充分体现设计之美,要在为使用者带来意境美的前提下形成有机联系的整体。同时,将整体性的医院景观视为自然环境的组成部分,尊重环境,尊重生态,与周围的生态环境相融合,与文化特色共生。

日本梅田医院的导引系统设计着重处理了导引标识与空间环境的关系。由于该医院是一家妇产科医院,因此色彩的选择以温暖色调为主,如暖橙色和浅黄色;材质选择以涂料和木材为主,保证室内空间的温暖质感。梅田医院的标志设计采用独特的舌状外观,借以增强医院空间的柔和度和舒适性(图7.41)。待产孕妇被温和的空间氛围包围,感受到建筑给予的人文关怀,这大大促进了产妇情绪状态的提升。

图7.41 日本梅田医院的导引系统
(图片来源:http://signgoood.com/case/show/523)

2. 依托建筑空间形式

本书主要讨论医院街的纵向空间与标识导引的融合。医院街的视觉通达性较好,空间内容往往一目了然;部分街空间有着一定的空间规律性,这时需要导引系统的明确指引。将医院街空间的特性与自助导引设计相结合,为导引设计提供依据,可填补我国医疗建筑标识导引设计的空白。东京慈惠会医科大学附属医院的导引标识充分利用了建筑空间。相同的柱距形成的医院街空间节奏感更加强烈,而将柱子作为标识导引的载体优势在于,一则充分利用墙面,二则使导引标识系统有着更强的整体感。大面积的鲜明色彩充分吸引人的视觉注意力,标识的朝向方位与行人行进方向直接对应,视觉通达性极强。在这一案例中,自助导引最大限度地融入纵深的医院街空间,大大提升了导引系统的利用效率。

以自助导引标识建筑空间的各个节点,一方面增强了空间的规律感,另一方面加强了人们对导引标识的印象感知,可最大限度地提升标识系统的效率。行人在医院街空间内,不再将标识与空间视为两种概念,而是自然而然地跟随空间的引导、标识的进程找到目标。

7.3 空间因子影响下的设计策略

基于心理不应期概念的引入,我们知道人脑对环境刺激有着一定的适应能力,相同的刺激在刺激间隔(ISI)内发生,人对后者刺激的反应远远低于前者。当某种特定的刺激反复时,人们的应激反应就会减退甚至消失。人的环境负荷能力是有限的,每一次对输入刺激的注意力也十分有限。当来自环境的信息量超过个体加工信息的最大容量时,就会导致信息超负荷。环境心理学的相关知识与心理不应期的理论不谋而合,分别从生理与环境角度阐述了人对于刺激的反应模式。

7.3.1 装饰设施的科学布置

调研结果显示,医院街空间的装饰内容分为两种,即可移动的小型装饰物和不可移动的大型景观节点,其中小型装饰物即本书所指的点式刺激,这种装饰方式有着移动性强、造价低、数量多、后期维护成本低的特点。医院街内最常用的点式刺激装饰物为绿植盆栽、文化雕塑、书画等。

"景观"中的"景"是针对物质因素而言的,是景物;"观"则注重各种感官和大脑的作用,这强调了感官作用对环境的认识。人类通过视觉、听觉、嗅觉、触觉、味觉这5种知觉感受周围环境,这是最基本的生理需求。感官将信息传达到大脑,使人们产生了对世界的认识,同时也对人的生理、心理舒适度和健康产生积极或消极的影响。狭义的景观设计局限于视觉景观的营造,在医院这种高度知觉性的环境中,设计师应从多知觉的角度出发,满足使用者全方位的知觉体验。

艺术来源于生活、服务于生活,在医院街中加入艺术设施,将有效地打破医院内冷酷、单一、沉闷的室内氛围。艺术的感染力会使患者产生丰富的心理反应。各项艺术设施能刺激人们的各种感官,改善情绪,转移注意力,具有辅助医疗的作用。本书结合理论和案例,探讨医院艺术设施如何有效地给人以疗愈之感。

1. 点式刺激类型的选择

实验结果显示,在纵向空间内人们对两种交替的刺激点类型有着更好的心理感受,而单一的绿植盆栽规律摆放作为刺激点时,人眼的注意力集中程度相对最低,眼动热度图显示发散范围广泛。因此,纵向空间中的心流刺激点类型并非越多越好,设计中的刺激类型数量应以两种为基础,结合实际的医院街空间情况(如空间尺度、材质、色彩、医院文化等)进行类型选择和增减。

建筑设计中自然景观的作用不言而喻,乌尔里克教授曾就自然环境对患者治疗及康复的效果做了客观对比,证明处于自然景观环境中测试者的肌肉压力和神经系统压力明显低于其他环境中的测试者。可以看出景观有助于减轻患者的压力,促进患者康复。

绿植盆栽属于自然装饰,价格低廉的同时对空气质量、人群心理有着一定的帮助,因而成为医院内最常用的点式刺激之一,香港大学深圳医院、东莞市第三人民医院、哈尔滨医科大学附属第一医院群力院区等都采用了绿植盆栽作为点式装饰(图7.42),其位置主要集中于入口导引处和医院街沿街摆放;雕塑构筑物主要应用于有着深厚文化特色或尝试表达医院水平的案例中,如广东省中医院大学城医院(图7.43)、香港大学深圳医院等;图画的使用也较为频繁,在中日友好医院和中山大学附属第三医院岭南医院中(图7.44),图画装饰形式多样,内容充满希望,色彩活泼而不激烈,符合医院本身的环境氛围,绝不喧宾夺主。3 种常用的点式刺激形式各有优势,只有通过科学的布置、搭配才能对医院街空间起到最佳的效果。

图 7.42 哈尔滨医科大学附属第一医院群力院区绿植盆栽

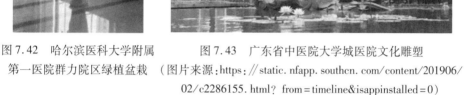

图 7.43 广东省中医院大学城医院文化雕塑
(图片来源:https://static.nfapp.southcn.com/content/201906/02/c2286155.html?from=timeline&isappinstalled=0)

上海交通大学医学院附属上海儿童医学中心医院街由于街空间的体量有限,设计中并没有采用大面积的景观种植节点作为心流刺激,而是利用绿植盆栽与墙

图 7.44 中山大学附属第三医院岭南医院国画装饰

面图画的点式装饰刺激搭配,为医院街空间增添色彩的同时起到了一定的宣教作用。规律性的交替排布增强了街空间的纵向性,使得空间丰富而不散乱,同时植物的存在也充分利用了天光的使用。空间使用者在阳光下通行整个纵向空间时,规整的盆栽与墙面装饰给人以干净、规律的感觉,体现了医院环境的自律性,但又不至于过于严肃(图7.45)。

图 7.45 上海交通大学医学院附属上海儿童医学中心

(图片来源:https://www.huitu.com/photo/show/20160815/110507348500.html)

在点式刺激类型的选择上,休斯顿卫理公会威洛布鲁克医院前厅选用绿植盆栽和钢琴来进行环境优化(图7.46)。整个大厅设计非常具有音乐气息,流动的自然光渗透进入室内,配合大厅中央的钢琴,给人带来平静的感受。值得注意的是,该案例中引入了音乐元素,而音乐疗法是西方医疗流行的治疗辅助手段之一,相关研究表明了其对于情绪治疗的积极作用。厅内点式刺激类型数量适宜,使得空间氛围宁静而优雅,使用者行至此处,往往自发地降低音量,缓步通过。由于前厅空间面积较大,该案例的绿植盆栽选用植物较为高大,在一定程度上拉长了人们对整个空间的竖向距离感受。

2. 点式刺激频率的设置

点式刺激频率的实验结果和问卷测评表明,7.5 m 与 10 m 的刺激间隔下,眼动热度数据差异不大,受试者在问卷中表示,7.5 m 的刺激间隔是视觉感受最令人舒适的间隔,过短(2.5 m)或过长(10 m)的刺激间隔会给人带来厌烦情绪。实验结果表明,密度过大的刺激点设置反而会激发人群的负面心理;受试者在访谈中也表示,连续不断的刺激反而不容易引起行者的注意,在长距离行走中则更令人感到枯燥。这一点与心理不应期的概念相符。综上,给装饰刺激设置合理的间隔,使人在行走过程中间歇性地接受点式刺激,才是科学的心流刺激点设置方法。当然,点式刺激的设置方式仅仅是医院街装饰设施设计策略的流程之一,它需要向整体的空间环境设计靠拢,不可单独考虑,与建筑设计脱节。

沃尔夫斯堡城市医院的医院街以绿植盆栽为主要的点式刺激方式,配合休憩座椅的摆放,形成小型休憩空间模块(图 7.47)。间歇出现的绿植弱化了钢结构带来的冰冷感,与结构柱共同形成了街空间的心理边界,又不致形成大面积的视觉遮挡,起到了空间速率的划分作用。如此,使用者在等候休息时身边为绿植环境,行走时有间隙地接受休憩空间放松愉悦氛围的心理暗示,点式刺激的作用被加强,一举两得。当然,刺激频率的设置应当根据医院街自身的情况而定,在人群密度较大、公共空间功能较拥挤的情况下,装饰刺激应当适当减少,或设置在关键的节点处,不应影响正常的医疗运作。

图 7.46　休斯顿卫理公会威洛布鲁克医院
(图片来源:https://www.houstonmethodist.org/locations/willowbrook/for-patients/)

图 7.47　沃尔夫斯堡城市医院的医院街
(图片来源:菲利普·莫伊泽所著《医疗建筑设计——综合性医院和医疗中心》,第 135 页)

7.3.2　空间环境的质量提升

良好的医院空间环境能够缓解患者的不良情绪,从精神层面达到非药物的辅助治疗功效。本书从建筑设计的角度出发,探究如何利用建筑手段提升医院候诊空间的环境品质,满足患者的情感需求,使患者在高品质空间中体验愉悦的就医过程。

1. 高效利用自然光环境

在对装饰刺激的研究中，作者将连续的采光环境纳入线式刺激的范围内。自然光的使用是医院街模式广泛利用的原因之一，明亮、宽敞的医疗空间能够最大限度地提升患者的感受质量，在减少灯具使用、降低运营成本的同时为公共空间的景观植物养护提供了得天独厚的条件。

目前大部分既有医院街空间对自然光的应用方式为天光采光，医院街竖向通高，顶棚的自然光不仅为医院街人群所用，亦为其他楼层的使用者提供光线。为保证光线散射、室内光照均匀柔和，往往对顶棚材质进行处理。香港大学深圳医院（图 7.48）、佛山市第一人民医院都采用了这样的方式（图 7.49），为了追求自然效果，佛山市第一人民医院的顶棚采用了蓝天、白云图案的白透明材料，并在结构支柱的涂饰上选择了树干颜色的涂料，象征自然环境。二者医院街的采光效果良好，即使阴雨天气也不影响正常的视觉感受。

图 7.48　香港大学深圳医院天光处理　　图 7.49　佛山市第一人民医院天光处理

前文我们提到，刺激点的设置应当有一定的间隔。在采光的设置中，广州医科大学附属番禺中心医院对天光的利用就是阶段性的（图 7.50、图 7.51）。行人在进入医院街空间时经历一段人工采光为主的密集空间后，才会进入自然光阶段。这种间歇性的自然光利用带给行人豁然开朗的感觉，体现了空间对比的重要性。实验中我们发现，人具有一定的趋光性，并且更倾向于停留在自然光环境下。阶段性的自然光空间可以催动人工光主导的空间内的行人更加快速地通过，从而提高了行走效率。

中山大学附属第三医院岭南医院采用了单侧大面积幕墙采光的方法（图 7.52），同时形成了大量的景观渗透，大大提升了医院街环境的质量，同时省去部分室内装饰节点的使用,使得大量的公共空间得以用作通行和自助医疗服务。这样的自然光引入方式适合用地面积充足、室外环境设计优良的医院。北方环境由于气候寒冷,大面积幕墙保温性较差,因此这种类型的采光模式多见于南方环境下的医院街空间。

图 7.50　广州医科大学附属番禺中心医院人工采光

图 7.51　广州医科大学附属番禺中心医院天光处理

自然光的利用不仅局限于采光,在实际应用中也可对自然光进行反射、折射处理,形成奇妙的光感效应。例如,福希海姆新医院的大型吊饰,作为医院的标志性装饰出现在医院入口空间,引领了整个医院的主色调,色彩亮丽鲜明,给人以充满阳光的舒适感,利用黄色这一鲜明色彩标明了空间的性质(图7.53)。这一手法并没有在该医院街内多次出现,因为过多的反光材料设置极易引起光污染,且造价过高。而在出入口既可以给人以愉悦的第一印象,打开医院街空间的心流大门,又可以标识医院的整体风格,给人以适宜的心理预期感,形成舒缓的心理入口基调。

图 7.52　中山大学附属第三医院岭南医院单侧幕墙采光

图 7.53　福希海姆新医院入口大厅装饰
(图片来源:菲利普·莫伊泽所著《医疗建筑设计——综合性医院和医疗中心》,第135页)

2. 合理选择景观节点类型

景观节点包含景观带、景观渗透、四季厅等以绿植景观为主要内容的大面积绿化设计。景观带的优势在于通常可以结合休憩空间，使人与景观近距离接触，但养护成本较大；景观渗透通常伴随自然光的引入，降低了室内的景观成本，却大幅提升了街空间环境；四季厅将景观带与使用者隔离开来，以观赏作用为主，便于管理养护，但由于室内外光线的差异，容易造成玻璃反光而导致的可见度低，在阴雨天气往往形同虚设。在设计中，景观带通常适用于空间开敞、自然光充足的位置，说明景观带的使用环境要求较高；景观渗透适用广泛，但集中于南方；四季厅多用于体量较小的边角空间。

香港大学深圳医院的景观带设计融合了休憩空间。大量的绿植围绕患者与陪护者，为其提供良好的自然氛围；座椅采用隔断设计，尊重个人空间，并设置置物台满足使用者的各类需求（图7.54）。合理的人体工程学设计使得各年龄段人群均可以有效利用景观空间，形成了我国医院街空间景观节点设计的优秀案例代表。

图7.54　香港大学深圳医院景观设计

3. 空气品质的提升

候诊空间是患者在就医过程中停留时间最长的空间，经研究发现，患者在候诊空间中驻留的平均时间约为146 min，占整个就医时长的50%～70%，因此候诊空间中良好的空气品质是患者健康的基本保证。有些医院通风条件较差，为了抑制空气中的细菌传播，会在空间中喷洒大量的消毒水，不但没有解决空气不流通的问题，消毒水的刺激性气味还会对患者造成消极影响。

候诊空间中应保持良好的空气质量，保证室内空气与外部空气间的相互流通，在建筑空间的处理上增强自然通风。空间内开窗尺寸的大小将直接影响空气流通的速度及进风量，候诊空间的开窗面积应不小于地板面积的20%，以此保证足够的进风量。除此之外，空间的形态也会对空气的流通产生一定影响，候诊空间内部不宜过于曲折，过多的折线会阻碍空气的流通，应尽量满足"穿堂风"的形成条件。

康与生理健康息息相关。在前文我们通过调研得出"医院建筑的医疗形象不宜过于弱化,也不宜过分突出"这一结论,直接指出了医院空间形象辨识度高低的问题。医院辨识度在这里指医院空间的形象特征是否凸显。

由于既定印象早已形成,过高的医院空间形象辨识度不免给人以冰冷、严肃的感受,甚至直接给人以"疾病"的感受标签;而与医院形象偏离太多的空间设计又会降低人们的安全感和对医院的信任感。"医院形象"约束部分行为,"偏离医院形象"则舒缓人的心理。例如,在美国加利福尼亚州凯萨医疗机构鲍德温帕克医疗中心的医院街设计中,色彩依旧以白色为主,在墙面色彩装饰中选取饱和度较低的色调,整体形成了宁静安详的空间氛围;打破肃穆格调的是座椅设施,设计者重点考虑患者的休憩空间质量,选用了软包沙发类座椅,座椅外观柔软、圆润,没有锋利边角,配合深紫色,给人以温和、安静的感受,与印象中医院的金属座椅大相径庭(图7.56)。软包座椅分为两种,有扶手的座椅分隔个人空间,适合独自就诊的患者,由于其设计中考虑到了人体工程学,因而扶手亦可作为置物台;无扶手分隔的座椅适合多人陪同的患者,也可以作为患者不适时的休憩躺椅。这种考虑全面、以人的行为感受为设计依据的医院街空间不同于以往崇尚高效运作的医院。凯萨医疗机构鲍德温帕克医疗中心的医院街更像一个接待长廊,但其空间色彩低调而严谨,使人不由自主地低声交谈、行为谨慎,在考虑患者舒适性的同时又时刻提醒使用者:这里是医院。

图7.56　加利福尼亚州鲍德温公园医疗中心的医院街
(图片来源:https://www.yelp.com/biz_photos/kaiser-permanente-baldwin-park-baldwin-park-2? start=330)

比利时特尔纳特的健康中心的医院形象的凸显体现在了入口大厅、护士站等部分。入口大厅作为医院流线的起点,突出其医疗氛围不仅可以给患者以"安全"

的心理印象,还能将医院标志性的颜色作为首要印象灌输给空间使用者,从而面向大众提供"医疗重地""安静""严谨"的形象特征;护士站、医院街候诊区具有明确的医疗功能,因此也使用红、白色彩涂饰,达到醒目的视觉效果(图7.57),突出"静谧""秩序"等暗示。但在医院的非医疗空间中,如室外庭院等,医院的形象氛围则十分低调,设计者采用了大量的自然元素与色彩,降低医院环境对这类空间的影响,力图使置身其中的使用者忘记身在医院的烦恼(图7.58)。两个区域色彩与设施的碰撞使两个空间类型既保持了统一又存在明显不同,这种区分式的设计可以带给人耳目一新之感,在医院空间中高效就诊后,便可于内院放松身心,形成强烈的心理暗示,从而使人的心流做到收放自如。

图7.57 比利时特尔纳特的健康中心
(图片来源:https://www.gooood.cn/residential-care-center-kapelleveld-
by-architecten-de-vylder-vinck-taillieu.htm)

图7.58 比利时特尔纳特的健康中心
(图片来源:https://www.gooood.cn/residential-
care-center-kapelleveld-by-architecten-de-
vylder-vinck-taillieu.htm)

综合医院的空间形象应和睦而不严肃、温暖而不热烈,原因在于,患者与陪护者对医院赋予了信任感,医院在给予其安全感的同时,也应当对医院的使用者予以心理的慰藉。在人们的需求日益提升的社会背景下,对人的情感关怀的设计才是最出色的,而对于医院建筑而言,使用者的心理情绪更加值得注意。只有从医院环境的形象问题入手,才能整体把控人群心流,最大限度地尊重患者。

图 7.55　广州医科大学附属番禺中心医院墙壁装饰

医院街的构成很复杂,分层、分空间、分功能,这些不同层级采用的色彩在环境中所占面积要有大小之分,主次分明,不能毫无区别。根据色彩的主从性,通过色彩的统一规划,可以不同楼层用不同色系,不同空间采用差异化色彩。

同楼层区域、不同功能可以用相同色系、不同明度的色彩,即色相、明度、彩度方面具有调和关系,这种联系性会保持色彩统一,减弱色彩跳跃性。

医院街中的不同功能或者不同科室,采用适应患者身心特征的色彩,有利于患者识别并改善其心理感受。这些色彩设计皆可在每层导航图和指示牌上予以强调,这样分层、分区、分功能的色彩设计,能将医院各个功能统一而又独立地凸显出来,便于患者到达目的地。通过色彩设计增强不同功能区域的辨识度,特别是在人流量大的地方及患者的等候区,色彩能够激活患者心理,创造一种治疗性的专属环境。

标识系统的色彩在医院街中起着"四两拨千斤"的作用。标识系统能够使医院就诊过程中的"问号"变成"句号",患者置身于完善的标识系统中,可以最便捷地到达目的地,标识系统设计得好坏关系到患者就诊的便利性。标识系统应该对比鲜明,用色要起到强调作用,可以采用互补色设计,这样搭配视觉冲击力最大,让人印象深刻;另外,标识体系要讲究色彩的对比性,这样才能使配色更清楚、明确,如白底黑字、黄底紫字等,使得标识系统能被人一眼识别,快速掌握就诊信息;标识系统的颜色选择多为明亮的同色系色彩。

3. 控制医院空间的形象辨识度

随着我国社会的飞速发展,国民经济迅速提高,人们对建筑空间环境的要求也在不断提升。相关研究显示,世界大部分地区的父母或家庭护理人员都希望参与对住院儿童的护理,这表明了患者心理的受重视程度在逐渐提升。人性化设计概念的引入让我国医疗建筑的设计者们越来越重视人的情绪心理变化,因为心理健

4. 多功能的服务设施

候诊空间不仅要满足患者的等候需求,还应关注患者在等候过程中产生的多方面的需求。

候诊空间中时常出现带着行李来就诊的患者,医院中缺少储存行李的储物空间,患者不得不拖着沉重的行李箱或背包,进行分诊、挂号、候诊、就诊、检查等一系列的行为,对患者的健康产生了不利影响,因此可以在门诊大厅中加入暂存物品的自助储物柜,应有满足行李箱尺寸的大小选择。

候诊空间中的人在长时间的等候中,通常更喜欢玩手机来消磨时间,当前医院很少在候诊厅中设置手机充电设施,这导致候诊人员不得不四处寻找充电的插座,造成对交通的阻碍,因此可在候诊座椅旁设置手机充电设施,或在护士台提供充电器租借服务。相比年轻患者,老年患者可能更倾向于观看电视节目或阅读书籍来消磨时光,因此可在候诊空间中划分出观影区和阅读区,并布置电视、书架等服务设施。

长时间的等候容易产生口渴、饥饿的感觉,可以在候诊空间中设置饮水机、自动售货机等设施,也可在公共空间中布置咖啡厅、茶吧等服务区域,满足患者的需求。

7.3.3 医院空间的特征设计

1. 匹配使用者特征的环境设计

人对于特定的空间功能有固定的既往印象,如认为医院以白色为主,配合十字标识。医院建筑空间划分十分复杂,使用的人群也可能截然不同,在一些针对较为特殊群体的空间内,采用突出其功能特征性的设计策略,一方面可以迎合使用者的行为和心理,另一方面也可作为该区域功能性的标志。

医院的儿科患者是最具有特殊性的一类人群,儿童往往惧怕医院,患病时更加焦躁不安,陪同的家长更是心急如焚。这时,利用空间环境导引突出儿科区域空间的特征是非常必要的,这使得医院街上的患者陪护更加容易找到儿科诊室,同时丰富的儿科特色空间也会提醒其他成年人注意幼儿安全,以免发生危险。在广州医科大学附属番禺中心医院的医院街内,儿科候诊区采取了二次候诊的模式,这种方式让这一区域的医院街内经常有儿童穿梭。医院的墙壁上设置了带有卡通元素的装饰,色彩纷呈的墙画和悬挂的海豚吊饰不仅为儿童而设计,也为通过该区域的行人提供了节点的提醒(图 7.55)。

2. 色彩统筹设计

由于色彩对人的身心有直接影响,因此在医院街色彩设计中,不能盲目地满足功能而缺乏对患者身心的考虑。

7.4 环境因子影响下的设计策略

7.4.1 声环境优化策略

医院声环境是医院环境舒适性的重要一环,这个因素关系着患者的恢复与情绪和医护工作人员的效率与健康。

研究发现,自然环境对恢复过程有积极的影响。然而,声景的恢复效果不仅需要与主观评价数据相关,还需要与生理参数相关,包括声音刺激引起的情绪。此外,声景观还与其他空间环境因素有关。当人们听到一个声音时,他们周围感知到的听觉空间会调节他们对声音的情绪反应。人们认为小房间比大房间更舒适、更安静、更安全,而且从听众背后发出的声音比从听众面前发出的声音更能引起人们的共鸣,引起更大的生理变化。在医院声景的研究中,研究者揭示了声环境、典型声源和几何形态之间的关系,并建立了声环境评价体系,发现声环境在整体环境评价中起主导作用。

住院患者比健康人更容易产生焦虑和压力。因此,医院病房必须提供合适的声环境,帮助他们放松和恢复。前文从皮肤电导水平得到的结果部分支持了疗愈声景可以影响生理应激恢复的理论。

本研究发现声景对患者心率恢复方面无显著影响,这可能是心率的恢复特性,它对信息处理模式高度敏感。如果实验条件涉及信息处理,如心算,那么人的心率会显著加快。此外,尽管皮肤电导水平和心率都是交感神经系统活动的指标,但它们对各种环境刺激的敏感性存在不同。

恢复性声景通常指能够削弱或改善噪声影响的环境条件,常见的有绿色空间、庭院空间、水系及一些自然声音。研究结果显示,音乐声景条件下皮肤电导水平恢复率高,音乐声景对知觉恢复状态有显著影响。因此,音乐在减轻压力方面具有重要作用,有助于患者的恢复。虽然皮肤电导水平的结果部分支持了医疗保健声景对生理应激恢复的影响理论,表明音乐声景对健康有恢复作用(结果显示,在音乐条件下,参与者的生理指标恢复速度比在环境声、机械声和人造声条件下要快),但这些差异均未达到显著性,说明音乐在生理应激方面的恢复作用有限。

研究发现,人工声诱发的焦虑高于机械声,这是由于人工声音中含有更多的瞬态噪声,可能对心理恢复产生负面影响。然而,听到机械声的受试者的焦虑程度并不比对照组的受试者高多少。虽然这是该领域的第一次研究,但参与者的声学期望的影响可以解释这一结果。空间的潜在功能(如社交和工作)可能会影响用户对环境的期望和评价。医疗护理被选为研究背景,并且参与者可以在接受实验条件之前预测某些类型的机械噪声。因此,它对恢复的负面影响可以得到缓解。医院声景对患者生理、心理指标的影响有待进一步研究。

恢复性声景对知觉恢复状态也有显著影响。在研究中，机械噪声被认为是恢复效果最差的状态，这与焦虑状态数据不一致。这可能是由于两种心理恢复指标的评估权重不同。焦虑状态评估参与者的精神状态，例如，我们使用的量表包括"我感到不安"；而感知恢复性状态则反映了外部环境的评价。在本研究中，这两个参数都可以部分地反映出医疗声景对患者心理状态的影响，但对医疗声景对心理应激恢复的作用机制和途径还有待进一步研究。

本研究的调查数据还显示，医疗机构的声环境可能会影响参与者的环境评价。在 11 个评价维度中的 9 个维度上，音乐声被认为比其他 3 个声音类型更积极，并且在秩序、舒适和刺激方面可以显著改善患者的环境感知。此外，在机械噪声、人工噪声和环境噪声的评价中没有观察到显著差异。总体而言，声景对患者环境评价的影响小于视觉信息，如颜色、照明和空间布局等。这可能表明视觉刺激是影响医疗环境评价的主要因素。

本研究还发现，声景可以改变患者对环境的视觉印象，如他们对光、秩序和尺度的感觉。这可能是因为人们从整体上感知环境，而音频和视觉刺激可以驱动多感官环境感知。有吸引力或有意义的视觉环境往往会增加人们对噪声的容忍度。然而，研究也观察到音频信息与个人视觉体验和偏好之间的高度相关性。研究结果表明，在音乐条件下，被试倾向于认为周围环境是有序、舒适和刺激的，这可能是因为声音刺激改变了被试的视觉认知加工。

总体而言，客观数据与主观评分（焦虑、感知恢复状态和环境评价）相对一致，验证了研究方法的有效性。然而，面对音频刺激时，心理应激恢复指标比生理参数更敏感。效应量也表明声景对心理因素结果的影响更大。这可能是因为生理应激恢复参数，如心率、皮肤电导水平或血压，是交感神经觉醒的指标，不能反映情绪的效价。因此，生理数据无法检测到伴随积极情绪的轻度唤醒反应。

性别、年龄和声环境的交互作用不显著。然而，某些群体的参与者存在一些环境反馈倾向，未来的研究可以考虑患者的社会经济特征。医院空间相当多样化，因此，在未来的研究中，可以考虑其他空间，如门诊大厅、候诊室等。虽然本研究表明医院病房的声环境会影响患者的生理和心理指标，也证明了 VR 是分析不同优势声源相对影响的有效方法，但在未来的工作中，可以在现实环境中检验声环境对患者心理和生理指标的绝对影响。

7.4.2 光环境优化策略

经过数千年的演变证实,大自然提供的天然环境是人类肌体最适应的环境,作为视觉器官的人眼对天然光最适应,无论人工光源多么完美,也无法代替天然光的舒适性。在护理单元设计中,可充分利用自然采光照明节省人工照明带来的电能消耗。天然光的光热比高,较常规白色电气光源优良,采用天然光代替电气照明,在制冷方面也可降低能耗。

因此,护理单元自然光环境优化设计应在方案概念、初步设计和施工图整个工作流程中,建立和细化采光优化设计意识,关注和了解在实践中易于实施、操作的设计方法。

1. 光环境优化设计要素

(1) 建筑形态体量的确定。

病房楼的形态体量的归纳和提炼是影响护理单元采光的首要因素,可分为直线式、集中式和组团式。目前欧美国家的医疗设施逐步向低层化和庭院化方向发展,第三代组团式护理单元应用广泛,而直线式的建筑体量基于结构简单和易于实施的优势,在国内病房楼中应用较多。护理单元形态分类及其变异表现见表7.2。

表7.2 护理单元形态分类及其变异表

形态		实例	自然光性能	备注
护理单元形态体量	直线式护理单元	中廊式条形单元	病房及功能用房南北向布置,有良好的自然采光条件	变体有"T""Y"和"H"形护理单元
		复廊式条形单元	中间医辅用房无法自然采光,全部依靠人工照明。南北侧病房采光较好	变体有天井式复廊单元,通过小天井克服中间房间采光缺陷

续表7.2

形态			实例	自然光性能	备注
护理单元形态体量	集中式护理单元	单复廊式单元		将一侧房间减少，中间复廊空间数量降低，绝大多数房间具有自然采光	复廊式条形单元的变形
		方形环廊单元		在复廊的基础上压长加宽，平面紧凑，大部分空间可实现自然采光，中间辅助用房暗室少。缺点是部分房间朝向不好，易形成西晒等问题	可多个组合成"八""Z"字形护理单元
		圆形单元		放射圆心护理单元，大部分房间可直接对外，但房间的日照朝向不好，易引起眩光和西晒	可独立，可多个组合。变体有扇形、碗形护理病房单元
		三角形单元		多以直角中线朝南，可实现两边朝南、一面朝北，病室布置采光优越，可用齿窗和光庭等手法解决不利朝向和采光问题	可多个组合，国际上在低层医院病房楼中应用较多
		菱形单元		可以根据地形设置采光面的倾斜角度，中部暗室较少，在斜边开设光槽，减小中部无光区的面积	适应多种地形，改善中部采光

续表7.2

形态		实例	自然光性能	备注
护理单元形态体量	组团式护理单元		采光条件优越，疗养类病房应用较多	多组团围绕中心布置

(2)护理单元空间的构成。

平面和剖面的设计是对建筑物空间形态各个部分三维关系的二维表达，在病房楼设计中，平面及剖面的形式和布局方式决定了建筑对于自然光的利用。在考虑医疗功能及所对应的使用者行为特点的基础上设计平面图，确定空间平面形态及各类空间所处朝向是优化护理单元自然光环境的基本要素。利用平面和剖面的设计，确定特定房间的进深、开间和高度，以及各部分附属功能空间的位置，进而分析自然光可以射入房间的深度，确定室内的自然光光线模式、该体系相关构件设计的形式和尺寸等，如采光口的选择、遮阳设计及相关技术的应用等，研究自然光在内部空间所形成的氛围。

在病房中，卫生间的位置很大程度影响病房的光环境质量。卫生间通常有3种布置方式：卫生间靠内墙布置、卫生间靠外墙布置和卫生间嵌套布置。考虑到护理路线和病房管理等多方问题，不同医院采用不同的布置方式。

(3)建筑采光形式的选择。

采光口的形式根据其在建筑上的位置分为侧窗采光和天窗采光。侧窗采光是指空间利用建筑立面窗洞口透过光线的采光方式，采光充足，光线的指向性强，有效范围为窗高的3~5倍，是病房楼的主要采光方式，应用区域广泛。在空间的进深方向，由于通过侧窗透过的光线强度会随侧窗的高度升高而增强，导致单一形式侧窗的使用易产生室内照度分布不均匀的情况。医疗建筑由于功能布局和经济条件的限制，通常采用长方形侧窗形式，技术的发展和进步，推动医院建筑不再局限于以往的单调窗扇形式，可拓展到周边采光模式，如落地窗、转角窗和高侧窗等。

采用天窗采光时，自然光线在顶部均匀分布，有利于提高室内照度及其均好性。但天窗采光也有缺点，易产生过多的直射光和热辐射问题，降低人与外界交流的可能性。因此，在病房楼建筑中，天窗较少运用于病房空间，多应用在走廊、中庭及病房区域的活动室等公共空间，尤其是在中低层病房楼的顶层空间和四面型病房楼的中庭。天窗的形式主要分为平天窗、矩形天窗和锯齿形天窗。可将天窗视为高位置的高侧窗,采光系数最高可达 5%～7%。此外,采用天窗可为空间创造丰富的光影效果,使患者产生舒适的心理感受。在护理单元的公共活动区合理采用天窗设计,可以让患者在病房楼内部感受与天空和太阳的直接联系,使患者保持积极乐观的精神状态。

(4)建筑遮阳细部的优化。

建筑的遮阳体系构建基于立面的采光口上,在应用设计上,应与病房楼的外立面统一构建,在保证不破坏整体外立面造型的前提下,有效调节不同时间内进入病房的直射光角度与光线数量,使射入室内的光线与视觉平面形成夹角,降低眩光发生的概率。当季节更换时,遮阳系统应随气候的变化控制采光的质量和属性。寒冷地区的护理单元,冬、夏对于自然光的需求不同,冬季应引入而夏季应避免直射光,因此应合理选择遮阳方式,通过折射光和反射光的交替作用提高光线空间分布的均匀度。水平遮阳、垂直遮阳、植被遮阳和百叶遮阳等都是常见的遮阳方式。在病房护理单元中,经常采用方形或圆形护理单元形体,不可避免地会有许多不利朝向的房间,可采用遮阳细部进行改善调整,也可以改变病房楼的单一立面形式,丰富造型。

(5)合理技术的支撑。

导光技术一般包括导光板导光、导光管导光和导光纤维导光 3 种。

导光板操作简单、造价低,结合窗口设计丰富立面,在病房自然光优化设计中应用较多。

导光管导光技术又称为无电照明系统,通过室外装置收集自然光和太阳光,导入装置内部,并通过反射,将收集的光均匀地漫射到室内指定地方。在病房楼设计中可在进深较大的公共区域中采用导光管技术,满足局部空间的采光要求。

导光纤维导光技术主要应用光的全反射特点,将光能吸收、保存在纤维中后通过物理作用产生具有导光性能的纤维。导光纤维主要分为点发光系统和线发光系统,点发光系统代表末端发光,线发光系统代表侧面发光。但由于我国现阶段导光纤维的生产成本较高,该技术仅应用在有特殊需求的设计中,无法在护理单元的采光设计中实现普及应用。

2. 自然光环境优化设计策略

(1)合理的建筑布局和形态体量。

护理单元的建筑布局和形态体量是采光优化设计的首要因素,要保证良好的朝向,获得足够光线后进行光线质量的提升。在病房楼的规划布局方面,舒适的自然光环境的营造取决于良好的建筑朝向,这在依靠侧窗采光的病房里最为明显,其射入室内的自然光取决于侧窗的朝向。我国处于北半球地理位置,建筑物的较长边南北向布置可增加日光的利用效率,应避免东西向阳光的直射,减少眩光产生。

在风向方面,大部分地区夏季主导风为东南风,南向布置不仅可在冬季增加室内日照、减少夏季热辐射,还可使室内通风良好,因此我国病房楼应采取面南背北的朝向方式。

在形态体量的选择上,病房护理单元的形态多样,应根据基地位置、地形等限制条件合理选择护理单元模式。例如,在我国的气候炎热地区,护理单元常采用大进深布局以减少建筑能耗,并在病房内设置采光中庭,这样在增加室内通风、提高热舒适度的同时还能大大增加室内的采光量。条件允许时,采用三角形护理单元也可以达到此种效果,使得3面病房均有较好的朝向。采用某一类护理单元形式,部分房间的采光不佳时,可对其进行适当的变形和局部精细设计,实现自然光线的优化。

（2）提高纵向采光均匀性设计。

国内3床房的空间多采用长宽比较小的形式,即小面宽大进深空间布局,这样的设计常常会造成病房内部空间光线分布不均匀的问题。因此,在设计过程中,要有意识地结合建筑平面布局和剖立面设计,合理选择、运用技术,这是解决光线分布不均匀问题最有效的手段之一。

病房的平面规格确定了房间内的空间布局及其细化设计工作,平面布局应最大限度地利用好自然光线,给予合理开阔的视野,以期减轻患者的焦虑和不必要的精神压力。在床位布置上,多数传统双人间或三人间病房的病床并列放置,这种设置在平面布局和流线组织上具有一定的优越性,已经成为现代医院病房楼的常用形式,被各规模医院所采用。但是这种设置方式带来了光线分布不均匀和缺乏私密性的问题,靠近窗与靠近门侧床位的光线分布均好性无法保持一致。在空间足够的情况下,应打破传统病房平面布局形式,将床与床直角摆放,这样使每张床与采光口都有着同样的空间关系。通过两种方式的自然光环境模拟结果可以看出,病床垂直布置,自然光环境质量明显优越于传统并列式病房设计,每个病床在光线、视野、私密空间上都享有平等待遇。这种设计手法打破了传统病房呆板的设计思路,可以在本质上解决传统病房放置方式存在的光线分布不均匀的问题。

在平面布置上敢于大胆尝试的成功案例有许多,如德国医院设计师开创了一种新型空间格局的双人病床先河,床位保持平行布置,改变床头位置,相对设计,部分立面后退,为每个病床创造独立环境空间。后期使用评价反映,该设计有效解决了患者因争抢窗边床位而产生的矛盾,每个患者均得到了光环境优越的私密空间。这种创新的平面布置形式在给患者带来充足的采光的同时也扩大了眺望视野,为患者提供了较为理想的居住环境。较为理想的病房,应该能够给予患者均匀的自然光线分配,又提供给患者充分的私密性。设计师在此基础上继续深化,为了使两位患者都可以不受阻碍地看见窗口,将病房设置成尖角的特殊结构,既保证了每个病房得到均匀的自然光照,又为患者提供了光线优越的休息或会客空间,大胆打破传统设计思维模式,展现了人性化设计的优势。

(3)合理选择病房卫生间位置。

病房设置独立卫生间要比公用卫生间方便且易于管理,也降低了疾病的传播概率。护理单元卫生间的布置方式分为靠外墙布置、靠内墙布置和嵌入式布置。卫生间靠内墙布置,采光性能必然优越于靠外墙,但为了避免增加护理路线,卫生间靠外墙布置已成为目前采用较多的一种布置方式。为解决靠外墙时的采光问题,可将病室的平面形式设置为五边形或扇形,充分利用扇形病室较长的外墙边;也可以将卫生间倾斜布置,使卫生间墙面与病室开窗面呈钝角,在卫生间外移的同时增加病室的采光面积。采用该卫生间布置模式的成功案例有法国阿尔勒医院护理单元和广东省中医院二沙岛分院护理单元,经过对卫生间的"精打细算",将外部淋雨空间缩小,大大改善了外墙采光与景观效果。

对各类型的卫生间布置方式进行自然光模拟,模拟结果对比显示:折角型病房的采光系数最大,但靠窗处易出现眩光,内部光线分布不均匀;将卫生间平面位置进行扭转,形成折角型模式,病房深处引入更多的太阳光照,提高病房纵向光线分布的均匀性,采光系数虽下降,但仍可满足病房的自然光需求,同时也满足了缩短护理路程的需要;将病房呈扇形布置,采光性能与折角型病房类似,同样可缩短护理路程,不影响自然采光,且提高了建筑形体的完整性。

(4)优化侧窗采光形式。

调研结果显示,我国病房楼护理单元大多数集中在高层建筑中,病房的采光主要依靠侧窗来实现。单一的侧窗形式、位置是室内光线分布不均匀的主要原因。因此,要尤为重视侧窗采光口的大小、位置、立面形式及材质,以达到最佳的采光效果和视觉感受。

侧窗采光可获得足够的光线,且方向性很强,高度不同产生的光线质量也不同。例如,位置较低的侧窗可以将射入室内的光线通过浅色地面反射到房间深处;中等高度的侧窗可欣赏室外风景,同时反射光线;中等高度以上的侧窗,光线射入房间的深度随高度的增加而增大。

对于病房侧窗采光带来的照度变化距离问题,最常用的解决办法是提高窗的位置。通过模拟可知,侧窗上沿高度不变,窗台高度的提升,对病房深处的照度影响不大,但对于靠窗处床位患者来说,照度明显降低,且出现了变更点内移的现象。保证窗台高度不变,调整窗上沿高度。模拟结果显示,近窗处照度降低,但并没有明显的变化,且没有出现变更点,远窗处照度下降并逐渐增大。实验表明,为了保证室内照度的均匀性,一般采取提高窗户的高度以增加室内进深处的照度。但在高层建筑中楼层高度一定,这种侧窗的高度受到限制,导致室内采光进深量一般不超过窗高的2倍。大进深的病房靠近门侧的病床仍无法得到充足的光线,且开窗位置过高,患者无法观看窗外的景色,又增加了新的问题。该情况下可采用先进材料和技术进行解决,以获得更好的视野和光环境效果。

在玻璃材料的运用上,扩散透光材料和折射光线的折射玻璃的应用较多,常使用的扩散透光材料有玻璃砖和乳白玻璃等。这些材料的造价较低,可广泛应用在提高房间进深方向照度的解决办法中。

在先进技术的应用方面,遮光板的使用可以有效解决病房纵向光线分布不均匀的问题,一方面遮挡周边的直射光,另一方面将昼光反射到病房中间区域或室内 8~10 m 的深度。在我国南方,单独考虑病房形体会同时造成内部采光不足和冬季阴冷问题。为解决该问题,在每间病房窗沿上方安装浅色遮光板。病房是由标准护理单元重复叠加的,这样每层的遮光板均可为上一层病房提供充足的采光,保证室内采光量达到标准值。同时,室内采用高反光率的材质进行装饰,以便充分利用折射进来的光线,对室内进行二次提亮。这样在获取充足的采光量的同时扩大了受热面积,实现了采光和供热的节能目标。将日光引入建筑内部,通过镜面板、光学薄膜、反射百叶、全息、丙烯酸板或衍射晶格玻璃等有效方法可以更加科学地分配病房内的采光,使照度均匀。具体有效方式这里不一一进行描述。

在侧窗上适当布置窗格可以便捷而有效地解决病房光线分布不均匀的问题。结合建筑的立面设计,将窗格设置在高于正常视线的上方,光线照射窗格后反射到屋顶,再经过屋顶反射至病房深处,提高远窗处病房的照度。窗格的应用还可以解决近窗处病床光线过强的问题,使整个房间的光线分布更加均匀,这种方式与折光板原理类似,但构件属于侧窗部分,可结合立面设计加以构思,成本较低,操作简单,应用性较为广泛。

(5)室内细部设计。

室内的细部设计也在不同程度上影响病房自然光线分布的均匀性。由于深色的物体会吸收光线,降低室内亮度,因此病房宜采用高反射率天花板和浅色墙面,内部装饰设计也要予以充分考虑,尽可能增加漫反射,避免光线的吸收。减少室内深色家具的使用,也可避免患者的低沉情绪。医院外部的地面铺装颜色也应避免暗色,材质应具有高反射性,提高反射到病房内的光线数量。

病床围帘的设计是室内装饰的重要组成部分。为了满足患者生理治疗的需求和保护患者隐私,病房设置了围帘,临时为患者创造出私密空间,因此靠窗患者的围帘不可避免地为靠墙处患者带来不良光线,甚至使其终日不见阳光。在围帘的设计上,可考虑在人的视线范围内进行遮挡,而在视线范围外完全开放,让光线可正常射入病房深处。例如,在复旦大学附属中山医院病房中,与传统病房的设计不同的是将固定围帘的支撑构件悬挂在病室上空,使视觉上方保证光线的通透,围帘的长度不落地,与病床齐平,部分光线也可以从底部穿过。结合立面侧窗的高度设计及反光板的使用,即使在拉上围帘时,也可以提供一定的自然光线。

(6) 避免病房产生眩光。

尽管在病房中大量的自然光有助于患者身心健康,但是过量的太阳光照射会为室内带来眩光问题。从调研结果可以看出,眩光与光线分布的均匀度是病房自然光的主要问题。眩光的种类有直接眩光和反射眩光,各自产生的原因不同。

直接眩光产生的原因是,窗口的高度与人眼的视线一致,患者在看向窗外时,窗口与周边墙体对比明显,直射产生眩光现象,加重眼睛负担,降低视觉效果。因此,改善该现象主要从建筑的立面设计和侧窗及其附属构件入手。

在立面设计上,可利用遮阳装置控制、调节采光的数量和质量,降低眩光发生的概率。例如,国外一家私立医院在病房内部安装可移动滤光窗,条形窗采用不同明度的黄色玻璃过滤射入室内过强的光线,形成低色温、低纯度的暖色空间,在拓宽病房空间的同时可以缓解患者的焦虑情绪,患者可以自己进行局部调节,躲避昼间光线过强带来的眩光。另外,在造型上丰富了建筑的立面,达到了形式与功能的有效统一。

在病房中,保证视线的流畅和避免直接眩光的产生通常呈相悖趋势,为解决该问题,比较好的做法是将观景和采光部分的侧窗分隔开,降低窗的位置,同时为了避免人眼受明亮天空的影响形成眩光,可采用水平遮阳、不透光窗帘、百叶窗或绿化等有效方式。患者在病房的大部分时间是卧床休息,眼睛直视上空,因此可将观景窗上方缩进室内,增加水平挡板的长度,有效地避免明亮的天光出现在外床患者的视线中,减少直接眩光对患者的影响,同时增加室内深处照度。

北方地区的病房楼为给患者提供一个温暖的康复空间,将外墙设计得较厚,不可避免地会出现光线遮挡的问题。为了减少遮挡,可以将靠窗的墙做成喇叭口形式。喇叭口斜面的亮度处于明亮窗口和窗间墙之间,该过渡斜面降低了二者的亮度对比,避免了眩光对患者的视觉影响,改善了亮度分布,提高了采光质量。

室内家具的精心布置也可以减少眩光的产生。例如,在产科独立病房中,若采光口正对病床,会出现眼睛直视窗口的情况,为避免眩光引起孕妇不适,可以选择合适的遮光构件或遮光板来解决这个问题。将窗户的上半部结合仪表显示屏,设置遮挡光线,可以高效解决直接眩光问题。这些看似简单的设计,可以有效而直接地改善光环境质量。

(7) 避免反射眩光设计。

病房内的反射眩光主要集中在天棚和侧面墙体上。为保持病房的开敞性和洁净性,常选用高光泽度的表面材料,成为形成反射眩光的直接原因。在进行室内天花和墙面装饰时,宜选用光泽度较低的表面材料,降低产生眩光的可能性。

7.4.3 热环境优化策略

病房空间的热环境优化在初始设计时就要尽量使用建筑的设计手法,因为在调研中发现,病房的规模较大、数量较多,使用主动式设备,如空调等大能耗设备,时常因为能耗等问题关闭。例如,哈尔滨医科大学附属第二医院的病房配备可调节的中央空调,但冬日中央空调系统是关闭的。冬季该医院病房的供暖条件很好,但出现了过热的现象,调查时病房平均温度为 28 ℃,部分病房甚至达到了 30 ℃。陪同家属认为这个温度过于燥热,虚弱的病患也认为温度过高。但是出于病人护理的原因,且冬季室内外温差极大,不能简单通过开窗通风来使室内温度降低。因此,应当尽可能通过建筑设计的方法来解决室内热环境的问题,以确保有舒适可控的、提升整体室内环境的建筑手法改善室内的热环境,而非简单地增设主动式设备。

严寒地区使用建筑的主要习惯是夏季依靠自然通风,冬季使用暖气供热。但部分严寒地区的夏季室外气温有时很高,一段时间内可以达到 32 ℃ 以上,因此在病房增设主动式降温设备也是很有必要的,但主要还是依托于增加被动式设计的优化手法。热环境的变化受到很多因素的影响,如建筑的围护结构、建筑的空间布局、室外气候条件、人工设备干预、光照、通风等。

经过调研及总结发现,严寒地区医院病房中存在的主要问题有冬季窗前温度紊乱问题,冬、夏季日光辐射问题,室内湿度不适问题,室内热扰适应性问题。本书针对这 4 个严寒地区医院病房所存在的问题,提出相应的优化设计方法。

1. 针对冬季窗前温度紊乱问题的优化设计方法

经过实际的病房数据调研及分析病房的温度,可以看出窗前温度紊乱是严寒地区医院病房在冬季时最主要的一个问题。室内外巨大的温差造成窗前空间温度剧烈变化且偏冷,这给靠窗病人带来了强烈的不适感。另外,由于病床布置方向与窗户平行,靠窗病床与远离窗一侧病床温差可以达到 2 ℃ 以上,冬季热环境状况不好。同时,病床临近暖气也会受到强烈的热辐射。

(1)热惰性材料的合理应用。

病房室内热环境与围护结构的材料选用和构造都有很大的关系,室内的温湿度在全天呈周期性变化,围护结构决定了室内热环境受到室外气候影响的比例。同时,室内热环境的周期性变化受围护结构、人工设备、人体活动和光照辐射等因素的影响很大,是这些因素共同作用的结果。室内温度的波动越小,则证明该房间内的材料热容性较大,可以在室内温度高时吸收热量,在温度低时散发热量。吸收和散发的速度影响着室内温度波动的快慢。总体来说,室内的温度波动越小,室内的热环境就越稳定,病房中的热环境最好是恒定或稳定的。

所以严寒地区的医院建筑应选用热惰性较好的材料,以维持室内温度的稳定。对于病房,可在其中增加热惰性材料等来调节和控制室内温度。对于医院的整体建筑,建筑外部蓄热结构主要为外墙和屋顶,建筑内部的蓄热体主要包括内部的墙体和楼板,以及家具和装饰等。因此,增加热惰性的重点可以从这两方面入手:一是外部建筑构造的保温设计,二是室内的材料选用。

病房室内的热源主要为人体的活动、设备的发热、光照的影响,它们产生的热量直接改变了病房室内的空气温度。室内温度的改变是一个热传递的交换过程,不同温度之间的实体进行热交换,以达到温度的平衡。室内与室外通过光照辐射和空气流动达到热平衡,围护结构通过和空气之间的热交换达到平衡。室外的空气流通是由于房间内使用者的自主行为,即开窗行为而产生的空气流动交换,以及被动的通过门、窗的缝隙产生的通风换气和热交换。窗口是病房温度变化最为激烈且频繁进行热交换的部分,因此应将热惰性材料多应用在病房的墙面,并且在窗口周围增加热惰性材料。

(2)窗的构造设计。

窗户的构造细节影响了冬季近阳台部分的主要热环境状况。严寒地区病房窗户的构造应气密性好、隔热性能好、透光适度。

建筑外窗构件的节能设计是指研究如何通过选用窗框的材料和构造设计避免出现漏风、冷桥现象,且玻璃的选用要既能透光,又能隔热。减少室内通过窗户的热损失,是严寒地区维持室内温度达到节能效果的重点。通过玻璃同时进行着很多方面的热交换。首先是太阳辐射通过玻璃和室内的热交换,大部分太阳辐射透过玻璃作用于室内,其中一小部分太阳辐射被玻璃反射,一部分被玻璃吸收蓄热;其次是窗户周围的空气流动所造成的热交换,这部分热交换是窗户构造设计时要防范的重点,应着重保证窗户的气密性,防止通过窗户的缝隙进行热交换,因为这会造成室内的热损失,并且透过缝隙的风会对人体造成不良影响;最后是温度在玻璃内部所产生的对流和辐射,这一部分和玻璃蓄热共同作用,吸收太阳辐射的热量,并能释放出来,成为一个得热构件,所以窗户和外墙既可以失热又可以得热。良好的构造设计和合理的材料选用可使室内热环境维持在一定的稳定状态。

寒冷地区窗户的发展要依靠新型的材料和构造技术。窗户的选用要注重细节的设计,避免冷桥和冬季冷风的侵入。窗框为双层阶梯式设计,可有效避免冷风的侵入,在窗框中设计的巧妙的空腔,可用来避免冷桥的产生。同时,窗户附近的热惰性材料构件可有效地隔热和蓄热。窗间墙采用隔热性能较好的保温层壁挂框架支撑结构,可以在同等外墙厚度下更好地进行保温隔热。

(3)窗前空间的设置。

目前严寒地区窗口的建造水平和技术水平依旧不能使窗户完全没有冷风。只要有冷风的侵入,就会对室内的热环境造成影响,甚至对患者的健康造成影响。建议在窗口和室内增设过渡空间。很多高级病房的窗内摆设与窗口有一个较好的距离,既不会受到窗口的冷风和暴晒,还能与窗外环境进行适当的互动。对于普通病房,建议在窗口部分增设窗前过渡空间,这种空间既可以优化窗前温度紊乱的现象,又可以增加空间的功能层次感。

建议增设的窗前空间可以分为两种:一种是窗前的开放式过渡空间,类似于开放式阳台,即在外墙部分做空间上的凸凹,增大窗户与病床之间的距离,可将该过渡空间作为窗前休息空间等。这种开放式阳台小巧精致,悬挑很小,大概只有 50 cm,但这段距离可以有效地避免病床上的患者受到窗前紊乱温度的影响。选取该类阳台主要考虑到:一是冬季不会遮挡到进入室内的太阳光,夏季又可适当遮阳;二是经济实用,不会占据太大的建筑面积,窗前空间还可以成为患者和家属休息的舒适空间。另一种是封闭阳台。阳台的种类很多,根据立面划分法,可以分为凸阳台、凹阳台、半凸阳台、封闭阳台等类型。对于严寒地区,可选用尺寸较小的封闭式阳台。露天式阳台的可使用时间较短,故选用封闭式阳台。封闭式阳台不宜过大,否则会遮挡阳光。阳台空间为室内和室外提供了一个温度过渡的空间,使室内可以更好地维持温度,又可以避免阳光直射。另外,该空间为患者和家属提供了一个多功能的休息区,提升了病房的环境质量。

(4)供暖方式。

经测试发现,寒冷地区的冬季供暖方式决定了室内的主要温度动态,供暖的时间、方式和位置,影响了室内的整体温度平衡和热环境的优劣。从窗口漏进的冷空气与暖气上升的热空气是造成窗口的温度紊流的主要因素。因此,想要解决窗台附近空气紊流问题,提升热舒适度,需优化暖气的供暖方式。

(5)供暖时间。

严寒地区的病房建议采用 24 h 连续供暖的方式。

(6)温度可调。

严寒地区冬季室内的主要甚至唯一的温度控制设备就是暖气,但根据患者的热敏感性和对热度的多样性要求,病房中的暖气应该是可调节的。现在病房使用的多是集中供暖的水暖气,这种暖气不仅温度较为恒定持久,还可以提供更好的热环境。水暖气在使用过程中只有热辐射,少有电辐射,这有利于室内环境和人体健康。但目前使用的暖气均不可以调节温度。

病房中的暖气应是可调节的,可根据患者的需求调节档位和供热。目前集中供热的强度是供热单位根据室外温度总体调节的,因此冬季时室外温度对室内温度的影响较小,并非室内温度随着室外温度的降低而降低。而具体到单个房间时,房间的供热则不是使用者可以控制的。建议病房使用新型可调节式水暖气,使患者可以按照自己的需求调节温度。

(7)暖气位置。

目前病房的暖气多为单组布置在窗户下面,这种布置方式是科学的,能有效制约外部冷空气的侵入。但是由于单点供热,房间靠窗和靠门的温差很大,且需要一定的过渡时间,此时房间的整体热环境受制于窗户周围的寒气与供热设备之间的关系。正如前文对于样本的测试分析中所表现出的,窗台附近的温度波动很大,房间整体的温度受此影响成周期性变化。

为使冬季严寒地区病房的室内温度较为平衡,且保证每个床位的舒适性,建议在门口增设暖气。这样既保证了靠门部分病床的舒适性,也使整个病房成为一个热循环系统。增设的暖气数量不宜多,主要是为门口部分调节热环境,且促使整个房间均匀有序地热循环而设立的。

(8)家具摆放。

家具的质感和摆放也会影响到室内的热环境状况。病房的家具摆放主要包括病床的摆放、医疗设备的摆放、生活辅助家具的摆放。在摆放家具时除了要考虑热环境的影响外,还要考虑家具便于使用。

2. 针对冬、夏季日光辐射问题的优化设计方法

对于寒冷地区的人们来说,冬季的阳光是十分宝贵的,因此在寒冷地区南向或东南向是建筑最好的朝向,有充足的日照。充足的光照不仅会使病房环境温暖舒适,同时对患者的康复也有积极的促进作用。但过度光照辐射会给患者带来不适感。

过度光照使患者产生不适感主要分为两个方面:一是光照本身的眩光对患者视觉的影响;二是光照辐射所产生的局部过热对患者的影响。在调研中发现,夏季时靠窗病床局部温度可达到 37 ℃以上。对于严寒地区的病房,应有效地在冬季利用和引进阳光,且夏季室内不会受到强烈光照的影响,这需要在病房处设置合理的遮阳设施,且病床的摆放位置不会使患者的视觉范围内出现强烈的正午光照。

病床的布置位置实际上是一个很受物理环境干扰的因素。在上文中提到临窗病床受到窗口温度紊流的严重影响,在窗户旁 1 m 内不应摆放病床。由于光照的影响,同理,在近窗处不应摆放病床。经调研,冬、夏季临窗病床都会受到强烈的太阳直射,过度直射不仅会对患者的热舒适造成影响,而且易产生头晕目眩等问题。而病床摆放在距离窗户 1~2.5 m 不仅可以受到适当的光辐射,也不会造成过度直射的现象。

严寒地区的夏至日正午太阳高度角为 69.4°左右,冬至日正午太阳高度角为 21.6°左右,根据病房的窗户高度,在临窗 1 m 以内为夏季太阳直射距离,这与调研所得出的结论相符。因此,综合过度光照辐射和窗前温度紊乱的因素,窗户旁的 1 m 范围内不应摆放病床。

3. 针对室内湿度不适问题的优化设计方法

调研发现,严寒地区病房冬日室内湿度过低,只有 20% 左右;而夏季室内湿度略高,如哈尔滨医科大学附属第二医院病房的室内湿度达到了 70% 左右。合理又经济有效地调节病房湿度,对患者的舒适和健康有很重要的影响。

在病房内增加适当的湿空间是一个综合提升病房整体使用环境的方法之一，也是可以有效改善病房湿度的方法之一。

最合适的办法是在病房中增加一些有功能的湿空间，如卫生间、洗手池等。有条件时病房设置独立卫生间，或者可以设置独立的洗手池。这种布置可以方便患者使用，在使用的同时也可以适当增加湿度。在测试医院热环境时，有卫生间的病房比无卫生间的病房湿度要高20%左右，卫生间内可以设置通风气口，在夏季会平衡一部分湿度。

通过在室内增加景观小品和湿景观也可达到冬季增加湿度的目的，还可以改善病房的环境，并且节能环保。可在窗台摆设一些植物、水景观等。这些方法既简单又行之有效，不需要设备和能源消耗就可以适当地调节冬季病房的湿度。在室内增设绿化景观还可以适当地改善空气质量，植物可以吸收甲醛等有害气体，也能适当地去除空气中的有害气溶胶。

4. 针对室内热扰适应性问题的优化设计方法

室内的热扰适应性是指室内对于自身内部热源干扰的适应能力，室内热扰主要由设备运行、人员活动所造成。在调研中发现，病房中热环境受到人为因素的影响很大。病房及走廊中人数较多，有加床现象是我国大型医院的一个特殊却又普遍的现象。在病房中人们聚集和分散的热对热环境的影响很大，而且更重要的是聚集时的空气不流通，使空气质量下降，会导致病毒、致病物质等通过呼吸方式传播。在这个过程中，人们的聚集活动是不可控的，人为地控制人群、疏散人流不符合当前医院的实际情况。对病房来说，使用的方式和常住人数是相对固定的，但是由于病房的看望人数具有突发性的现象，因此病房及走廊空间应可包容短时间内的热扰。病房及其走廊在内部热扰状况下能维持一个良好的热中性环境是很重要的。调研发现，原本三人间或四人间在住院人数增多时可加到六人，走廊两侧也会布满患者，在冬季时病房和走廊内闷热不堪，病房门为促进通风大多开着，此时病房和走廊一片嘈杂，不仅患者不舒适，陪护人员也很焦躁。

合理地采用新风系统是一个适于大型医院空气置换的解决措施。为促使病房通风可采取的措施有改变门窗开启方式、导气孔、风斗和空调设备，这几种方法对病房的通风有很大的改善作用。但在考虑热扰包容性时病房并非独立的个体，应放置于建筑平面中综合考虑。

应采用合理的新风系统，在冬季时可开启，新风系统应和空气系统独立控制，在冬季时将室外的冷空气抽进后进行加热再输送到每个房间中，这种系统可以在病房区人多时开启，在夏季和空调系统辅助使用。

7.5 本章小结

本章系统论述了医院街空间的设计策略。设计策略从4个触发因子出发,分别对路径因子、导引因子、空间因子及环境因子影响下的医院街空间设计策略进行阐述和分析,并配合了大量国内外优秀案例进行说明。在针对路径因子影响性的设计策略中,降低距离感、提升秩序性、增强耦合性是医院街流线设计的重要目标,其达成方式主要依靠节点设置、速率分层及反馈与功能的匹配性;在针对导引因子影响性的设计策略中,优化导引系统、强调空间环境导引的指向性、导引与空间环境相融合是本章所提供的三大导引设计要点;在针对空间因子影响性的设计策略中,本书对装饰设施、空间环境、医院空间的特征设计进行了详细的说明,提出了相应的设计策略;在针对环境因子影响性的设计策略中,分别对声环境、光环境和热环境3种环境因子的重要性进行了说明,提出了相应的设计策略。

参 考 文 献

[1] 陆行舟. 以患者体验为导向的医疗建筑设计要点探讨[J]. 城市建筑,2017(25):40-43.

[2] 中华人民共和国国家卫生健康委员会. 2018 年 2 月底全国医疗卫生机构数[EB/OL].（2018 – 04 – 26）[2019 – 08 – 23］. http：// www. nhc. gov. cn/mohwsbwstjxxzx/s7967/201804/4aa0d800421c490fbc2494a0b9072fa7. shtml.

[3] BROWN G. A review of sampling effects and response bias in internet participatory mapping (PPGIS/PGIS/VGI)[J]. Transactions in GIS,2017,21:39-56.

[4] MELNICK A L, FLEMING D W. Modern geographic information systems—promise and pitfalls[J]. Journal of public health management and practice, 1999, 5(2): viii–x.

[5] 韩永梅. 社区医疗建设对策研究[D]. 北京:北京交通大学,2007.

[6] 林威廷. 医院建筑模块设计实践[J]. 城市建筑,2011(6):20-21.

[7] 周亮. 模块化综合医院建筑的系统化分级研究[D]. 上海:同济大学,2008.

[8] 中华人民共和国卫生部. 2011 中国卫生统计年鉴[M]. 北京:中国协和医科大学出版社,2011.

[9] 龙珍华. 现代医学发展呼唤人文精神[J]. 湖北社会科学,2005(6):115-117.

[10] 程灏璠. 妇幼保健院门诊部公共空间设计研究:以湖北省妇幼保健院分院为例[D]. 武汉:华中科技大学,2018.

[11] 东博视讯. 东博视讯远程医疗会诊系统统一视频服务云平台[EB/OL].（2017 – 06 – 02）[2019 – 08 – 23］. https：// www. sohu. com/a/145454911_508774.

[12] XIE H, KANG J. The acoustic environment of intensive care wards based on long period nocturnal measurements[J]. Noise and health, 2012, 14(60): 230-236.

[13] XIE H, KANG J, MILLS G H. Behavior observation of major noise sources in critical care wards[J]. Journal of critical care, 2013, 28(6): 1109. e5 – 1109. e18.

[14] XIE H, KANG J, MILLS G H. Clinical review: The impact of noise on patients' sleep and the effectiveness of noise reduction strategies in intensive care units [J]. Critical care, 2009, 13(2): 1-8.

[15] 周天夫. 基于患者应激恢复性测评的医院室内环境优化研究[D]. 哈尔滨:哈尔滨工业大学,2020.

[16] 李楠. 医院病房护理单元自然光环境优化设计研究[D]. 哈尔滨:哈尔滨工业

大学,2015.

[17] 姜彧. 严寒地区医院病房热环境优化设计研究[D]. 哈尔滨:哈尔滨工业大学,2016.

[18] 郑嘉. 寒地城市综合医院候诊空间空气环境研究[D]. 哈尔滨:哈尔滨工业大学,2020.

[19] 罗运湖. 现代医院建筑设计[M]. 2版. 北京:中国建筑工业出版社,2009.

[20] 晁军,刘德明. 趋近自然的医院建筑康复环境设计[J]. 建筑学报,2008(5):83-85.

[21] 马库斯,弗朗西斯. 人性场所:城市开放空间设计导则[M]. 北京:中国建筑工业出版社,2001.

[22] EATON R. The hospital: A social and architectural history John D. Thompson grace goldin[J]. Journal of the society of architectural historians,1977,36(1):56-57.

[23] ROSENFIELD A I. Hospital architecture and beyond[M]. New York:Van nostrand reinhold,1969.

[24] NICKL-WELLER C, NICKL H. Hospital architecture + design[M]. Salenstein:Braun, 2009.

[25] 党锐. 新医学模式下医院景观设计研究[D]. 哈尔滨:哈尔滨工业大学,2011.

[26] 张九学,王禄生. 乡镇卫生院建筑设计[M]. 北京:科学出版社,2007.

[27] LELEU H, MOISES J, VALDMANIS V. Optimal productive size of hospital's intensive care units[J]. International journal of production economics,2012,136(2):297-305.

[28] 朱德香. 突发公共卫生事件医院应对能力评价体系研究[D]. 广州:广东药科大学,2009.

[29] 夏岩妍. 严寒地区村镇规划方案气候适应性评价体系研究[D]. 哈尔滨:哈尔滨工业大学,2014.

[30] 林霄. 绿色建筑评估体系优化研究[D]. 成都:西南交通大学,2017.

[31] 许红叶. 灰色理论与层次分析在基桩质量评估中的应用[D]. 衡阳:南华大学,2012.

[32] 朱小雷. 建成环境主观评价方法研究[D]. 广州:华南理工大学,2003.

[33] 戎安. 调查研究科学方法[M]. 北京:中国建筑工业出版社,2008.

[34] ZHOU T, WU Y, MENG Q, et al. Influence of the acoustic environment in hospital wards on patient physiological and psychological indices[J]. Frontiers in psychology,2020,11:1600.

[35] 郝晓赛,干颖滢,龚宏宇.医院建筑设计研究与实践[J].建筑实践,2022(1):16-32.

[36] FARREHI P M, NALLAMOTHU B K, NAVVAB M. Reducing hospital noise with sound acoustic panels and diffusion: a controlled study[J]. BMJ quality & safety, 2016, 25(8): 644-646.

[37] 中华人民共和国环境保护部,国家质量监督检验检疫总局.声环境质量标准:GB 3096—2008[S].北京:中国环境科学出版社,2008.

[38] International Organization for Standardization. Acoustics—Soundscape—International Organization for Standardization: ISO 12913 – 1: 2014[S/OL]. [2022-10-30]. https://www.iso.org/standard/52161.html.

[39] BEUTEL M E, JÜNGER C, KLEIN E M, et al. Noise annoyance is associated with depression and anxiety in the general population—The contribution of aircraft noise[J]. Journal of psychosomatic research, 2016, 11(5):56-57.

[40] SPENCE C. Crossmodal correspondences: a tutorial review[J]. Attention perception & psychophysics, 2011, 73(4):971-995.

[41] YIN J, ZHU S H, MACNAUGHTON P, et al. Physiological and cognitive performance of exposure to biophilic indoor environment[J]. Building and environment, 2018, 132: 255-262.

[42] MURPHY J. Temperature and humidity control in surgery rooms[J]. Ashrae journal, 2006, 48(6): 18-25.

[43] YAU Y H, CHEW B T. Thermal comfort study of hospital workers in Malaysia[J]. Indoor air, 2009, 19(6): 500-510.

[44] International Organization for Standardization. ISO 7730:2005, Ergonomics of the thermal environment—Analytical determination and interpretation of thermal comfort using calculation of the PMV and PPD indices and local thermal comfort criteria[S]. Switzerland: ISO, 2005.

[45] KAMEEL R, KHALIL E. 36th AIAA thermophysics conference: thermal comfort vs air quality in air-conditioned healthcare applications[C]. USA: Aiaa thermophysics conference, 2013.

[46] LIANG C, LU M, WU Y. Research on indoor thermal environment in winter and retrofit requirement in existing residential buildings in China's northern heating region[J]. Energy procedia, 2012, 16: 983-990.

[47] American Society of Heating, Refrigerating and Air-Conditioning Engineers (ASHRAE). ANSI/ASHRAE Standard 55 – 2004: Thermal Environmental Conditions for Human Occupancy[S]. Atlanta, GA: ASHRAE, 2004.

[48] SINGH M K, MAHAPATRA S, ATREYA S K. Adaptive thermal comfort model for different climatic zones of North-East India[J]. Applied energy, 2011, 88(7): 2420-2428.

[49] WU Y, KANG J, ZHENG W. Acoustic environment research of railway station in China[J]. Energy procedia, 2018, 153:353-358.

[50] BURATTI C, BELLONI E, MERLI F, et al. A new index combining thermal, acoustic, and visual comfort of moderate environments in temperate climates[J]. Building and environment, 2018, 139:27-37.

[51] 李楠. 医院病房护理单元自然光环境优化设计研究[D]. 哈尔滨:哈尔滨工业大学, 2015.

[52] 龚敏, 杨敏英, 郝静. 基础护理学[M]. 西安:第四军医大学出版社, 2010.

[53] 童咏仪, 徐桂清, 鹿建春, 等. 温湿度对粘质沙雷氏菌、枯草杆菌黑色变种芽胞气溶胶存活的影响.[J]. 解放军预防医学杂志, 1990, 8(3):230-234.

[54] 张进. 室内空气微生物污染与卫生标准建议值[J]. 环境与健康杂志, 2001(4):247-249.

[55] 范润玉, 吴瑶. 医院内深部真菌感染 166 例分析[J]. 中华医院感染学杂志, 1996, 6(3):138-140.

[56] 方治国, 欧阳志云. 城市室内外空气真菌群落及影响因素研究进展[J]. 生态环境学报, 2009, 18(1):386-393.

[57] BAILIN FU L, YANG L, WENJIE Y, et al. Study on the propagation characteristics of fungal microorganisms in air conditioning system[J]. Advance in microbiology, 2013, 2:78-82.

[58] 潘平平, 邓开野, 关富华, 等. 空调系统微生物种类分析及其温湿度控制[J]. 环境科学与技术, 2014, 37(4):85-89.

[59] WAGNER D, BYRNE M, KOLCABA K. Effects of comfort warming on preoperative patients[J]. Aorn journal, 2006, 84(3):427-448.

[60] 沈晋明, 聂一新. 洁净手术室控制新技术:"湿度优先控制"[J]. 洁净与空调技术, 2007(3):17-20,31.

[61] 于玺华. 微生物气溶胶的感染与控制:兼论SARS病毒预防[J]. 洁净与空调技术, 2003(4):25-29.

[62] 赵静芳. 上海市室内氡浓度水平与建材氡析出率的研究[D]. 上海:复旦大学, 2009.

[63] 朱立, 周银芬, 陈寿生. 放射性元素氡与室内环境[M]. 北京:化学工业出版社, 2004.

[64] 莫菲菲. 居室室内空气中TVOC和甲醛的污染类型及规律[D]. 杭州:浙江

大学,2014.

[65] AWOSIKA S A,OLAJUBU F A,AMUSA N A. Microbiological assessment of indoor air of a teaching hospital in Nigeria[J]. Asian Pacific journal of tropical biomedicine,2012,2(6):465-468.

[66] 龚旎. 医院建筑热湿环境舒适与健康影响研究[D]. 重庆:重庆大学,2011.

[67] 邱聪,张赐华,王振华,等. 室内空气中甲醛释放与温湿度关系分析[J]. 福建建材,2015(6):4-5.

[68] 池晨晨. 室内空气中典型有机污染的来源、特征及规律[D]. 杭州:浙江大学,2016.

[69] 牛润萍,陈其针,张培红. 热舒适的研究现状与展望[J]. 人类工效学,2004,(1):38-40.

[70] 刘祥. 病房室内热环境与人体热舒适研究[D]. 重庆:重庆大学,2014.

[71] 王立群. 北方寒冷地区居住建筑外窗节能设计研究[D]. 天津:天津大学,2008.

[72] 黄晓琳,康复医学[M]. 5版. 北京:人民卫生出版社,2013.

[73] 张喜锐,王义勉,潘兴波,等. 病室温度对手术患者影响的研究进展[J]. 护理实践与研究,2011,8(9):3.

[74] AREAS E O, PLANTS P, PLANTS T P,et al. 1999 ASHARE Handbook—HVAC Applications[R]. United states:Ashrae,1999.

[75] SCHEEPERS P T J, VAN W L, BECKMANN G, et al. Chemical characterization of the indoor air quality of a university hospital:penetration of outdoor air pollutants[J]. International journal of environmental research and public health,2017,14(5):497.

[76] JOSÉ-ALONSO J F S,VELASCO-GOMEZ E,REY-MARTÍNEZ F J,et al. Study on environmental quality of a surgical block[J]. Energy and buildings,1999,29(2):179-187.

[77] CHAMSEDDINE A, ALAMEDDINE I, HATZOPOULOU M, et al. Seasonal variation of air quality in hospitals with indoor-outdoor correlations[J]. Building and environment,2019,148:689-700

[78] SLEZAKOVA K, ALVIM-FERRAZ M D C, PEREIRA M D C. Elemental characterization of indoor breathable particles at a Portuguese urban hospital[J]. Journal of toxicology and environmental health-part acurrent issues,2012,75(13-15):909-919.

[79] 封宁,付保川. 室内空气质量评价方法及其数学模型[J]. 苏州科技学院学报(自然科学版),2015,32(4):6.

[80] 程浩. 基于人员适应性的需求控制通风措施研究[D]. 重庆:重庆大学,2012.

[81] 杨举华,董媛媛. 室内空气质量评价方法探讨:以青岛市为例[J]. 资源节约与环保, 2013(4):69-70.

[82] 吕阳,卢振. 室内空气污染传播与控制[M]. 北京:机械工业出版社,2014.

[83] 秦鑫. 综合医院候诊区声环境研究[D]. 哈尔滨:哈尔滨工业大学,2012.

[84] AYODELE C O, FAKINLE B S, JIMODA L A, et al. Investigation on the ambient air quality in a hospital environment[J]. Cogent environmental science, 2016, 2(1):31.

[85] BAURÈS E, BLANCHARD O, MERCIER F, et al. Indoor air quality in two French hospitals:measurement of chemical and microbiological contaminants[J]. Science of the total environment, 2018, 642(15):168-179.

[86] OBBARD J P, FANG L S. Airborne concentrations of bacteria in a hospital environment in Singapore [J]. Water, air, and soil pollution, 2003, 144(1):333-341.

[87] BOLOOKAT F, HASSANVAND M S, FARIDI S, et al. Assessment of bioaerosol particle characteristics at different hospital wards and operating theaters:a case study in Tehran[J]. Methods X, 2018, 5:1588-1596.

[88] 张剑. 广州地区办公建筑开窗使用者行为与主观评价研究[D]. 广州:华南理工大学,2012.

[89] FICH L B, JÖNSSON P, KIRKEGAARD P H, et al. Can architectural design alter the physiological reaction to psychosocial stress? A virtual TSST experiment [J]. Physiology & behavior, 2014, 135:91-97.

[90] 徐虹. 公共建筑室内环境综合感知及行为影响研究[D]. 天津:天津大学,2017.

[91] 陈菲菲. 基于视觉舒适度评价的天然光环境优化设计研究:以重庆地区高层办公建筑为例[D]. 重庆:重庆大学,2013.

[92] CHRISTOFFERSEN J. Windows and Daylight. A Post-Occupancy Evaluation of Danish Offices [C] // In Lighting 2000. CIBSE/ILE Joint Conference. York:University of York,2000:112-120.

[93] 张春阳,呙俊. 新加坡医疗建筑特色浅析[J]. 世界建筑,2019(6):102-105,127.

[94] VERDERBER S. Innovations in hospital architecture [M]. London:Routledge, 2010.

[95] DALKE H, LITTLE J, NIEMANN E, et al. Colour and lighting in hospital design [J]. Optic & laser technology, 2006, 38(4-6):343-365.

[96] FEHRMAN K R, FEHRMAN C. Color: the secret influence[M]. Upper saddle river: Prentice hall, 2000.

[97] JACOBS K W, SUESS J F. Effects of four psychological primary colors on anxiety state[J]. Perceptual and motor skills, 1975, 41(1): 207-210.

[98] DIJKSTRA K, PIETERSE M E, PRUYN A. Individual differences in reactions towards color in simulated healthcare environments: the role of stimulus screening ability[J]. Journal of environmental psychology, 2008, 28(3):268-277.

[99] MALKIN J. Hospital interior architecture: creating healing environments for special patient populations [M]. New York: Van nostrand reinhold company, 1992.

[100] MAHNKE F H. Color, environment, and human response[M]. New York: Van nostrand reinhold, 1996.

[101] MARBERRY S O. Innovations in healthcare design: selected presentations from the first five symposia on healthcare design[M]. New Jersey: Wiley, 1995.

[102] KALANTARI S. Book review: understanding healing environments: effects of physical environmental stimuli on patients' health and well-being [J]. HERD: health environments research & design journal, 2014, 8(1): 232-233.

[103] KWON J. Cultural meaning of color in healthcare environments: a symbolic interaction approach[M]. Minnesota: university of Minnesota, 2010.

[104] LEIBROCK C A, HARRIS D D. Design details for health: making the most of design's healing potential[M]. New York: John wiley & sons, 2011.

[105] HARRIS P B, MCBRIDE G, ROSS C, et al. A place to heal: environmental sources of satisfaction among hospital patients1 [J]. Journal of applied social psychology, 2010, 32(6):1276-1299.

[106] ULRICH R S. Effects of interior design on wellness: theory and recent scientific research[J]. Journal of health care Interior design: proceedings From the... symposium on health care interior design. symposium on health care interior design, 1991, 3:97-109.

[107] LEATHER P, BEALE D, SANTOS A, et al. Outcomes of environmental appraisal of different hospital waiting areas[J]. Environment and behavior, 2003, 35(6): 842-869.

[108] QUAN X B, JOSEPH A, ENSIGN J C. Impact of imaging room environment: staff job stress and satisfaction, patient satisfaction, and willingness to recommend[J]. Herd, 2012, 5(2):61-79.

[109] PATI D, FREIER P, O'BOYLE M, et al. The impact of simulated nature on

patient outcomes: a study of photographic sky compositions[J]. HERD, 2016, 9(2): 36-51.

[110] ZIJLSTRA E, HAGEDOORN M, KRIJNEN W P, et al. Motion nature projection reduces patient's psycho-physiological anxiety during CT imaging[J]. Journal of environmental psychology, 2017, 53: 168-176.

[111] TSUNETSUGU Y, MIYAZAKI Y, SATO H. Visual effects of interior design in actual-size living rooms on physiological responses[J]. Building and environment, 2005, 40(10):1341-1346.

[112] BOWER G. Mood and memory[J]. American psychologist, 1981, 36(2): 129-148.

[113] FELL D R. Wood in the human environment: restorative properties of wood in the built indoor environment[D]. Vancouver: The university of British Columbia, 2010.

[114] CARLSSON S, CARLSSON E. 'The situation and the uncertainty about the coming result scared me but interaction with the radiographers helped me through': a qualitative study on patients' experiences of magnetic resonance imaging examinations[J]. Journal of clinical nursing, 2013, 22(21-22): 3225-3234.

[115] 马尔金. 医疗和口腔诊所空间设计手册[M]. 吕梅,等译. 大连:大连理工大学出版社, 2005.

[116] 杜雪岩. 基于传统中医理论的中医诊疗空间及其设计对策研究[D]. 哈尔滨:哈尔滨工业大学,2015.

[117] 吴慎. 黄帝内经五音疗疾:中国传统音乐疗法理论与实践[M]. 北京:人民卫生出版社, 2014.

[118] 程树祥,张桂秋. 电子产品造型与工艺手册[M]. 南京:江苏科学技术出版社, 1988.

[119] FINE D, VERDERBER S. Healthcare architecture in an era of radical transformation[J]. Journal of the American medical association, 2000, 284(16): 2118-2119.

[120] JAMES W, TATTON-BROWN W. Hospitals: design and development[M]. Oxford: Architectural press, 1986.

[121] 贾中. 医院建筑生态文化理论及设计创意研究[D]. 重庆:重庆大学,2010.

[122] 诺曼. 情感化设计[M]. 付秋芳,程进三,译. 北京:电子工业出版社, 2005.

[123] ALEXANDER C, ISHIKAWA S, SILVERSTEIN M,et al. A pattern language: towns, buildings, construction[M]. New York: Oxford University press, 1977.

113-115.

[163] 曹雪姣.广东地区医院门诊部公共空间自然采光设计策略研究[D].广州:华南理工大学,2015.

[164] 褟晓林.浅谈医院建筑的气氛营造[J].城市建筑,2007(7):22-23.

[165] 李士青.艺术治疗学与现代医院环境设计探讨[J].中国医院建筑与装备,2008(3):16-19.

[166] 张曙辉.西藏自治区藏医院[J].城市建筑,2011(6):68-70.

[167] 武悦,朱蕾,张姗姗.面向医护积极情绪的医院恢复性环境评价体系构建[J].新建筑,2023(1):23-27.

名词索引

B

饱和度 4.2.1
波长 4.2.3

C

层次分析法 2.3.3
窗地比 1.4.2
窗前温度紊乱 1.4.2
窗墙比 2.1.3
纯度 4.2.3

D

导引系统 1.4.1
地理信息系统 1.2.3
点式刺激 7.3.1

F

负面情绪水平 1.4.2

G

光强度 4.2.3
过渡空间 6.2.1

H

候诊活跃度 4.4.2
候诊焦虑度 4.4.1
候诊愉悦度 4.4.2
环境质量 1.4.2

J

机械噪声 1.4.2

K

可达性评价 1.2.3
空间插值 1.2.3
空间平衡性设计 5.2
空间情景化设计 5.3.3
空间围合度 3.2.1
空间围透度 3.2.1

[146] 李刚, 李唯羽. 梅田医院导视系统中情感化设计的解析[J]. 设计, 2015 (1): 92-93.

[147] 李彬寅, 许百华, 崔翔宇, 等. 图像记忆对动态搜索的影响[J]. 心理学报, 2010, 42(4): 485-495.

[148] THOMAS B, ATKINSON D. Improving health outcomes for people with learning disabilities[J]. Nursing standard, 2011, 26(6): 33.

[149] SÖDERBÄCK M, CHRISTENSSON K. Family involvement in the care of a hospitalised child: a questionnaire survey of Mozambican family caregivers[J]. International journal of nursing studies, 2008, 45(12): 1778-1788.

[150] POPPELREUTER T. 'Sensation of space and modern architecture': a psychology of architecture by Franz Löwitsch[J]. The journal of architecture, 2012, 17(2): 251-272.

[151] 傅婧. 基于环境心理学的主题展馆流线设计研究[D]. 长沙: 湖南师范大学, 2015.

[152] KIM J. Music therapy[J]. Encyclopedia of autism spectrum disorders, 2013, 9(2): 1961-1966.

[153] 朱玉凤. 基于声环境优化的大型医院门诊部设计研究[D]. 北京: 清华大学, 2018.

[154] WU Y, MENG Q, LI L, et al. Interaction between sound and thermal influences on patient comfort in the hospitals of China's northern heating region[J]. Applied sciences, 2019, 9(24): 5551.

[155] 贺镇东. 中廊的再开发: 关于中廊式护理单元设计的思索[J]. 新建筑, 1996 (2): 48-50.

[156] 陈竹. 简洁、高效、舒适: 医院住院部护理单元形态浅析[J]. 四川建筑, 2005 (2): 28-30.

[157] 冯乾乾, 付祥钊, 刘刚, 等. 浅析外窗对建筑能耗及自然采光的影响[J]. 建设科技, 2008(18): 100-103.

[158] 韩莹. 寒冷地区住宅建筑物综合热惰性的研究[D]. 天津: 天津大学, 2011.

[159] SRESHTHAPUTRA A. Building design and operation for improving thermal comfort in naturally ventilated buildings in a hot-humid climate[D]. Texas: Texas A&M University, 2003.

[160] 王立群. 北方寒冷地区居住建筑外窗节能设计研究[D]. 天津: 天津大学, 2008.

[161] 桑丽. 关于阳台设计中常见问题探析[J]. 科技创新与应用, 2016(5): 261.

[162] 佚名. 杰克逊麦迪逊郡总医院, 杰克逊, 美国[J]. 城市建筑, 2010(7):

[124] 张姗姗,周天夫. 医院建筑的情感化设计[J]. 城市建筑,2017(25):25-27.

[125] 侯彦婷,王心玥. 新加坡的社区友好型医院:创造一种社区与医院共享的公共空间[J]. 城市建筑,2018(14):65-66.

[126] 赵丹. 美国芝加哥拉什大学医学中心[J]. 城市建筑,2013(9):90-99.

[127] 齐岱蔚. 达到身心平衡:康复疗养空间景观设计初探[D]. 北京:北京林业大学,2007.

[128] 蒙小英,邹欲波. 心灵栖所:景观设计师托弗尔·德莱尼的花园设计[J]. 中国园林,2005(1):32-39.

[129] 蒙克. 医院建筑[M]. 张汀,等译. 大连:大连理工大学出版社,2005.

[130] NESMITH, ELEANORLYNN. Health care architecture:designs for the future[M]. Washington:The American institute of architects press,1995.

[131] HKS建筑事务所. 美英考德雷癌症治疗中心,墨西哥城,墨西哥[J]. 城市建筑,2010(7):107-109.

[132] 王达. de Archipel医疗综合体[J]. 城市建筑,2008(7):77-80.

[133] 宋永春. 循证医学:21世纪的临床医学[J]. 护理研究,2001(4):187-190.

[134] GUILFORD J P. There is system in color preferences[J]. Journal of the optical society of America,1940,30(9):455-460.

[135] OSGOOD C E, SUCI G J, TANNENBAUM P. The measurement of meaning[M]. Champaign:University of illinois press,1957.

[136] KOBAYASHI S. The aim and method of the color image scale[J]. Color research and application,1981,6(2):93-107.

[137] WRIGHT B, RAINWATER L. The meanings of color[J]. The journal of general psychology,1962,67(1):89-99.

[138] 伊. 美国医疗与护理空间[M]. 李炳训,译. 天津:天津大学出版社,2003.

[139] 张曙辉. 西藏自治区藏医院[J]. 城市建筑,2011(6):68-70.

[140] 蒋群力,代迎春,张若宜. 平武县平通镇卫生院重建工程[J]. 中国医院建筑与装备,2011,12(5):33-35.

[141] 梁艺馨. 基于心流理论的医院街空间设计策略研究[D]. 哈尔滨:哈尔滨工业大学,2018.

[142] 曹桂荣,李泮岭. 医院管理学:医学装备管理分册[M]. 北京:人民卫生出版社,2003.

[143] 蒙. 医院建筑[M]. 张汀,等译. 大连:大连理工大学出版社,2005.

[144] 澳大利亚Images出版集团. 世界建筑空间设计:医疗建筑空间1[M]. 张倩,译. 北京:中国建筑工业出版社,2003.

[145] 邓成龙. 视觉注意影响距离感知[D]. 上海:华东师范大学,2015.

空间协调化设计 5.1
空间延伸 7.1.1
空气沉闷感 1.4.2
空气化学污染 4.4
空气颗粒污染 4.4
空气新鲜感 1.4.2
空气异味感 1.4.2

L

廊式空间 1.4.2
连廊式 6.2.2
亮度 4.2.1
疗愈环境设计 1.1.2
疗愈类建筑 4.5
领域感 6.2.1
路径分解 7.1.1

M

明度 4.2.3
模糊综合评价法 2.3.2

N

内廊式护理单元 1.4.2

O

耦合性 7.1.3

P

皮肤导电性恢复率 1.4.2
平均辐射温度 4.3
评价模型 2.3
评价指标体系 2.2

Q

气溶胶可吸入颗粒 4.3.1

R

人工噪声 4.1.1
人行速率 7.1.2

S

色调 2.2.2
声罩 4.1.3

视觉阈限 4.2.1
室内物理环境 2.1.3

T

厅式空间 1.4.2

X

象数思维 5.1.2
心率恢复率 1.4.2
新陈代谢率 4.3.2
眩光 1.4.2

Y

医办空间 1.4.2
医疗卫生设施 1.1.1
医院建筑环境 1.4
医院街模式 6.2.2
应激恢复 1.4.2

Z

知觉恢复力 4.1.2
指标权重 2.2.3
主观焦虑水平 1.4.2